全彩印刷

青少年编程魔法课堂

Python图形化创意编程

张新华 谢春玫 梁靖韵 著

人民邮电出版社
北京

图书在版编目（CIP）数据

青少年编程魔法课堂. Python图形化创意编程 / 张新华，谢春玫，梁靖韵著. -- 北京 : 人民邮电出版社，2022.7
ISBN 978-7-115-58443-4

Ⅰ. ①青… Ⅱ. ①张… ②谢… ③梁… Ⅲ. ①软件工具—程序设计—青少年读物 Ⅳ. ①TP311.561-49

中国版本图书馆CIP数据核字(2022)第024471号

内 容 提 要

这是一本专为没有编程基础的青少年读者编写的Python入门图书，即使是小学生也可以轻松阅读本书。

全书包含十几个短小精悍且趣味十足的程序，采用面向对象程序设计，通过可视化与游戏化相结合的编程实践，使读者轻松进入Python的奇妙世界。

◆ 著　　　　张新华　谢春玫　梁靖韵
　责任编辑　赵祥妮
　责任印制　陈　犇
◆ 人民邮电出版社出版发行　　北京市丰台区成寿寺路 11 号
　邮编　100164　　电子邮件　315@ptpress.com.cn
　网址　https://www.ptpress.com.cn
　临西县阅读时光印刷有限公司印刷
◆ 开本：720×960　1/16
　印张：12.5　　　　　2022 年 7 月第 1 版
　字数：140 千字　　　2022 年 7 月河北第 1 次印刷

定价：59.90 元

读者服务热线：(010) 81055410　印装质量热线：(010) 81055316
反盗版热线：(010) 81055315
广告经营许可证：京东市监广登字 20170147 号

编委会

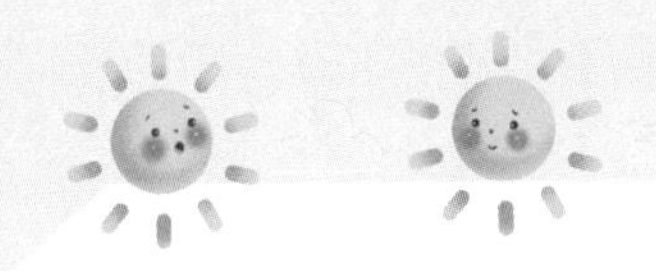

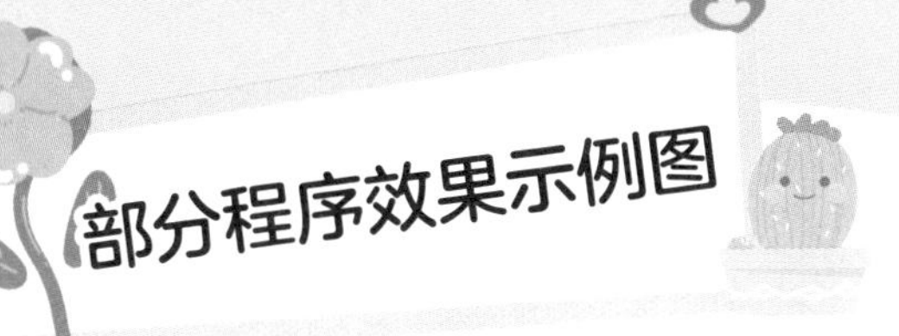
部分程序效果示例图

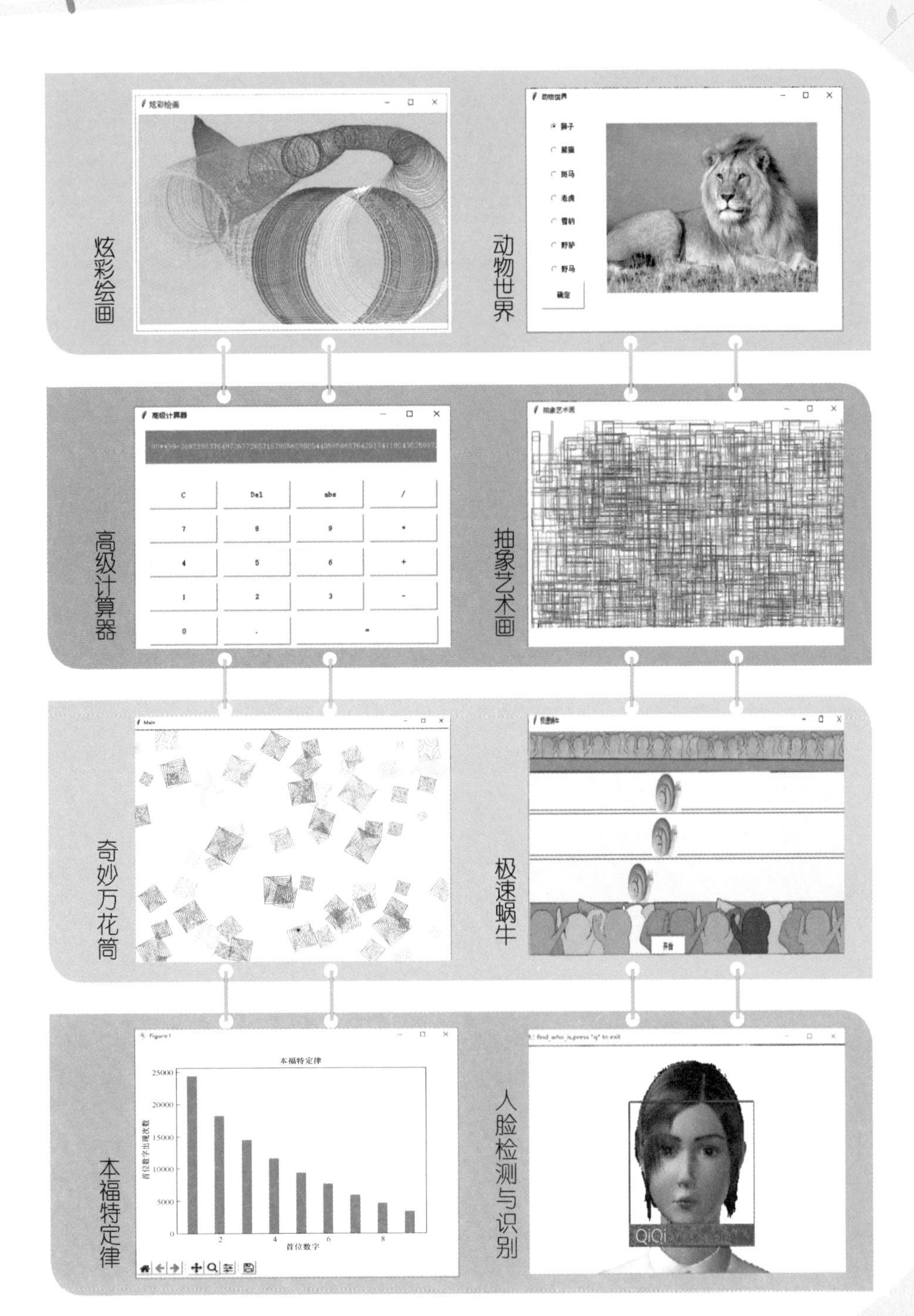
炫彩绘画
动物世界
高级计算器
抽象艺术画
奇妙万花筒
极速蜗牛
本福特定律
人脸检测与识别

前言

为了更好地与其他人交流，我们需要学习人类的语言；为了更好地与计算机交流，我们需要学习计算机的语言——编程语言。如果我们不懂编程语言背后的计算思维和编程逻辑，就不能很好地理解计算机，不能充分地利用计算机为我们服务。

对于初学者来说，将 Python 作为入门编程语言是一个很好的选择，因为它易于学习，功能强大。Python 被广泛应用在人工智能、科学计算、大数据、金融、系统运维、图形处理、文本处理、网络爬虫等领域，全世界有很多人正在使用 Python 从事科研和软件开发工作。

虽然学习 Python 的优势非常明显，但是对于初学者来说，它的缺点也是显而易见的。

（1）Python 及其默认的集成开发环境界面——IDLE，均是全英文的，这对尚不熟练英文的初学者来说是不小的学习障碍。

（2）Python 环境配置复杂，为了实现某些功能，经常需要下载安装相应的模块，这些模块的安装需要手动输入复杂的语句实现。

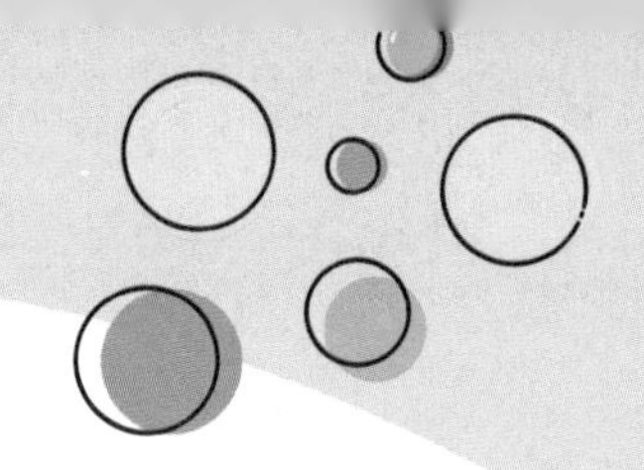

（3）以 Visual Basic、Visual C++ 为代表的编程语言在很多年前就已经进入了“图形化界面设计、所见即所得”的“视窗”时代，但目前却很难找到一个适合 Python 初学者使用的简单可视化界面设计工具。

为了解决初学者遇到的这些问题，我们使用 Python 开发了基于图形化界面设计的全中文 Python 开发环境——Visual Python。该软件是全国教育科学“十三五”规划 2019 年度教育部重点课题“中小学智能实验教学系统的构建与应用实践研究”（DCA190327）子课题的研究成果。

它不仅能通过简单的操作配置好令初学者头疼的 Python 环境，更令人惊喜的是，初学者仅用鼠标“绘制”就能生成专业的 Windows 程序界面，这使得初学者摆脱了繁杂、低效的界面设计过程，将精力更有效地集中于逻辑代码的实现过程。

基于 Visual Python，我们精选了十几个趣味性很强的程序汇编成本书，这些程序的代码简短且易于实现，大大降低了学习难度，非常适合 Python 入门培训或初学者自学。更进一步地，我们还努力尝试在教学方法和教学理论上有所创新，主要体现在以下几个方面。

（1）抛弃了“简陋”的字符界面编程，直接学习主流的 Windows 图形界面编程。

（2）抛弃了多数 Python 入门教材中仍然停留在面向过程程序设计范型的教学思路，直接采用面向对象程序设计（Object Oriented Programming，OOP）的教学思路，使学习者能够紧跟技术潮流，减少无谓的学习成本。

（3）尽量避免传统编程学习过程中的枯燥无聊状态，通过新颖有趣的游戏式编程，学习者将在充满想象和激情的创造性学习过程中，轻松掌握 Python 的使用。

（4）为方便教学，书中的每一课均设计为在一个课时内完成。每节课的“准备知识”“界面设计”“代码编写”部分是学习者课内必须完成的基础模块，“动手实践”和“扩展任务”部分是针对课堂任务完成较快的学习者设计的选学模块，“课后练习”部分是思考总结的提升模块。希望这样的编排方式可以让感兴趣的读者进一步探索本书内容。

亲爱的读者们，请跟随本书进入崭新的 Visual Python 图形化编程世界，一起创造精彩又有趣的 Windows 程序，体验不一样的编程快乐吧！

张新华

2022 年 4 月

目录

引子

Python 是一种跨平台、开源、解释型的高级语言，它易于学习，功能强大，于 1991 年推出后迅速获得各行各业的关注，并得到了广泛的应用。

但作为 Python 初学者，我想你多半会有这样的疑惑：都 21 世纪了，为什么 Python 代码的运行界面仍旧是图 0.1（a）这样“远古时代”简陋的控制台窗口呢？为什么不能像图 0.1（b）一样，显示标准的 Windows 图形化界面，有按钮、图像、动画……

（a）控制台窗口

（b）图形化界面

图 0.1

另外，如图 0.2 所示，如果不小心写错了代码，运行程序时输出的错误提示信息全是英文，完全看不懂需要怎么修改，这种情况怎么办呢？

```
Python 3.8.6 Shell
File  Edit  Shell  Debug  Options  Window  Help
Python 3.8.6 (tags/v3.8.6:db45529, Sep 23
D64)] on win32
Type "help", "copyright", "credits" or "li
>>> hello,world
Traceback (most recent call last):
  File "<pyshell#0>", line 1, in <module>
    hello,world
NameError: name 'hello' is not defined
>>>
```

◎ 图 0.2

现在好了，打开网页浏览器，输入网址“www.magicoj.com”，下载并安装图 0.3 所示的 Visual Python 套装软件，我们就可以：

（1）告别“简陋”的控制台窗口，轻松设计出漂亮的图形化界面；

（2）使用全中文代码编辑器 IDLE++，运行程序时输出的错误提示信息也是中文的；

（3）轻松实现各种炫酷效果，就连人脸检测与识别也能通过几行代码实现。

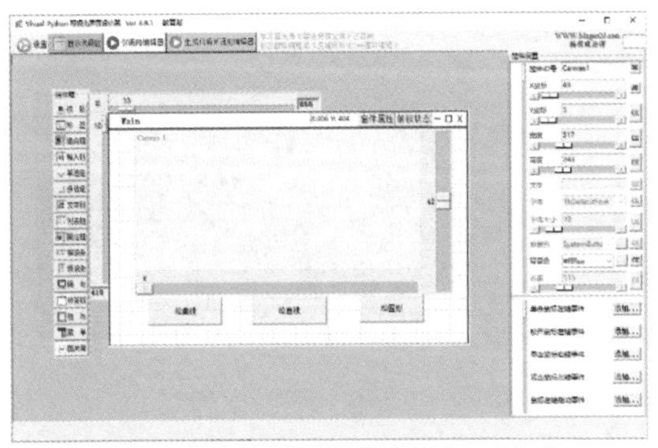

用鼠标就能轻松绘制出图形化界面的Visual Python

全中文代码编辑器IDLE++

◎ 图 0.3

怎么样，心动了吗？那就安装好 Visual Python，开启我们奇妙的图形化 Python 编程之旅吧。

安装好 Visual Python 后，双击图标打开 Visual Python，工作界面如图 0.4 所示。

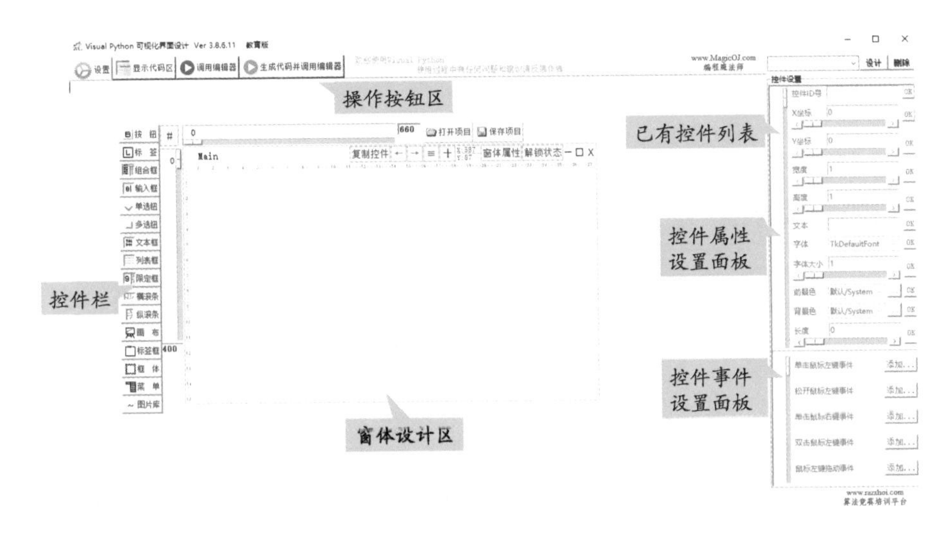

图 0.4

我们可以调整窗体设计区的位置和大小。在窗体设计区的空白处按住鼠标滚轮，当鼠标指针的形状变为时，拖动鼠标，将窗体设计区往屏幕的左上方略微移动（窗体设计区显示在屏幕上的位置就是运行时程序窗体显示的位置），如图 0.5 所示。

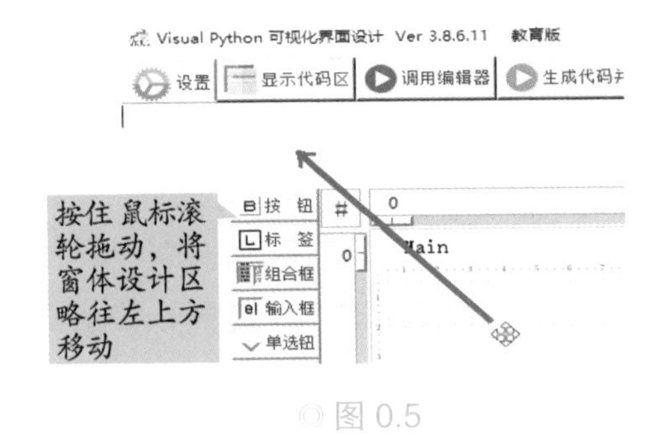

图 0.5

将鼠标指针移到窗体设计区的右下角，当鼠标指针的形状变为⇲时，按住鼠标左键拖动窗体设计区，即可调整窗体设计区的尺寸，如图 0.6 所示。

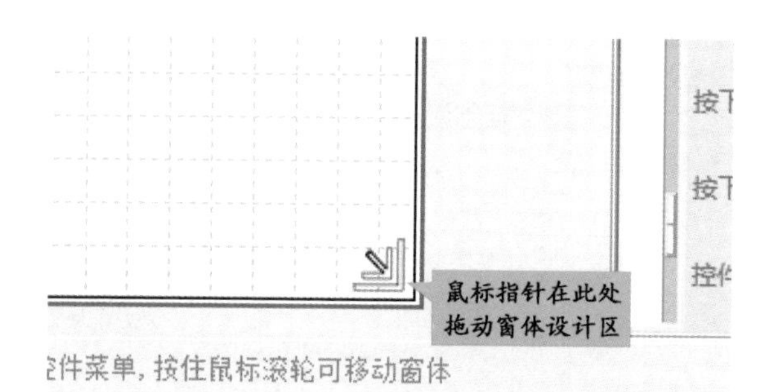

◎ 图 0.6

我们可以很方便地用鼠标在窗体设计区绘制 Python 程序的界面。

以绘制输入框为例，首先在控件箱中选中欲绘制的控件，只要在相应的控件上单击即可。控件的文字颜色变为红色即表示该控件已被选中，如图 0.7 所示。

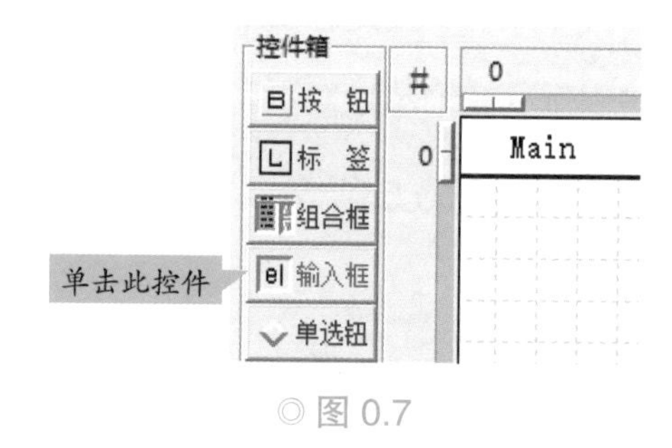

◎ 图 0.7

在窗体设计区的合适位置按住鼠标左键，拖动鼠标指针到合适位置后松开鼠标左键，即可绘制出该控件（单击鼠标右键可删除绘制好的控件），如图 0.8 所示。

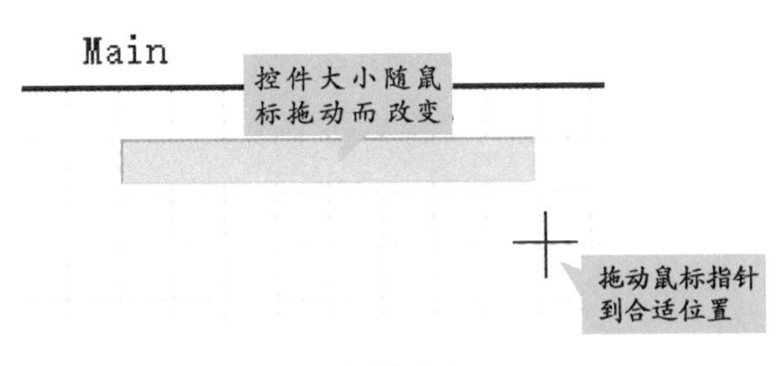

◎ 图 0.8

如果绘制好的控件位置不合适，可以在该控件上按住鼠标左键将其拖动到合适位置（选中控件后，使用键盘上的方向键也可以移动该控件）。

如果绘制好的控件尺寸不合适，可以将鼠标移到该控件的右侧，当鼠标指针变为⊡时，按住鼠标左键拖动控件调整尺寸。

界面设计好后，单击 生成代码并调用编辑器 按钮，在弹出的对话框中选择文件保存位置，在“文件名”输入框中输入程序名，例如“我的第一个程序”，单击“保存”按钮，将其保存为模块（Module）文件，如图 0.9 所示。

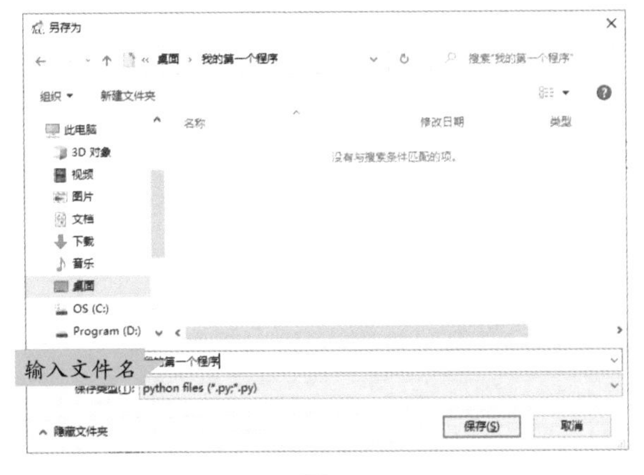

◎ 图 0.9

此时 Visual Python 的界面将以最小化的方式隐藏，同时打开 Python 代码编辑器——IDLE++。IDLE++ 是基于 Python 默认代码编辑器 IDLE 的深度汉化改进版。IDLE++ 显示自动生成的代码如图 0.10 所示。

example.py - C:\Users\dell\Desktop\example.py (3.8.6)

文件 编辑 格式 运行 选项 窗口 帮助

```
1  '''
2  【文档及代码说明】
3  此文件由Visual Python 创建于2021-12-22 19:00:49.063488,您的代码请在此文件中编写
4  同目录下的GUI_example.pyw为自动生成的界面设计和支持代码,一般情况下无需您的编辑和
5
6  '''
7  from GUI_example import *
8  #####################以上为预处理导入区，无需理会，编写代码请从下行开始
9
10
11
12 def Init():                                            # 初始化函数,程序执行
13     # 以下为动画示例代码，可直接删除，注意删除后函数体不能为空，否则需加空语句pa
14     play("1",400)                                      # 播放do音400毫秒(不九
15     Print("I love Visual Python")                      # 在窗体上输出文字,无
16     Print("演示例程：海龟作图",x=100,y=200)              # 在窗体指定位置输出文
17     Print("Designed by ZXH",fgcolor="red",bgcolor="white") # 在窗体上输出文字,前
18     Turtle(0,0,600,400)                                # 初始化海龟画图
19     turtle.color("blue", "red")                        # 设置画笔的颜色
20     turtle.speed(10)                                   # 设置画笔的速度
21     turtle.begin_fill()                                # 准备填充颜色
22     for i in range(100):                               # 循环100次
23         turtle.forward(i)                              # 画笔前进i个单位
24         turtle.left(50)                                # 画笔左转50度角
25     turtle.end_fill()                                  # 结束填充颜色
26     turtle.ht()                                        # 隐藏画笔
27     clear()                                            # 清空输出的文字
28     window.update()                                    # 窗体刷新
29
30
```

此部分代码为动画示例代码，运行时会演示一段动画，此段动画示例代码可删除

Ctrl+鼠标滚轮可动态调整字体大小

Ln: 1 Col: 0

◎ 图 0.10

我们可以将动画示例代码删除并替换为自己写的代码，或者如图 0.11 所示，预先在 Visual Python 的 设置 面板中将包含示例代码的选项设置为“否”，这样以后自动生成的代码中都不会再包含示例代码。

代码用类封装 ○是 ◉否　　保存类型 ○.py ◉.pyw　　包含示例代码 ○是 ◉否

选中“否”后将不再生成示例代码

默认使用Python自带的IDLE编辑器，也可以自定义编辑器，即输入调用编辑器的完整路径，例如python安装路径为c:/python38,编辑器IDLE在c:/python38/Lib/idlelib/下，则输入c:/pythonth38/Lib/idlelib/IDLE,其它编辑器同理,设置将保存在同目录下的SET_IDE.ini文件中。

...

确定　取消

◎ 图 0.11

IDLE++ 中几乎所有的英文均已汉化，甚至绝大多数的错误提示信息也是中文，这更有利于初学者调试代码，如图 0.12 所示。

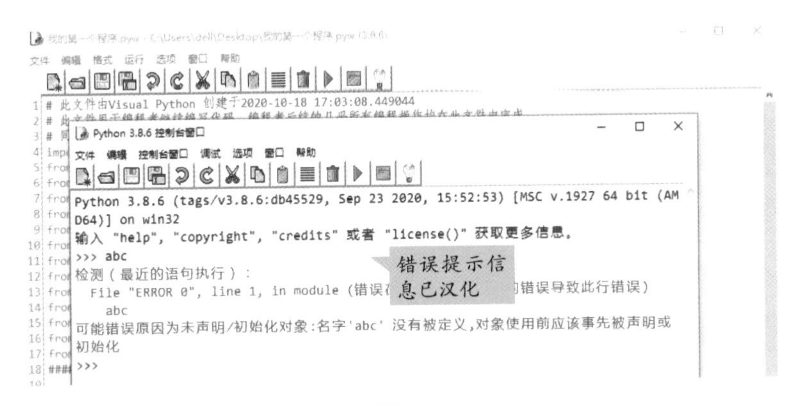

◎ 图 0.12

单击 ▶ 按钮执行代码，一个绘制好控件的窗体出现了，如图 0.13 所示。

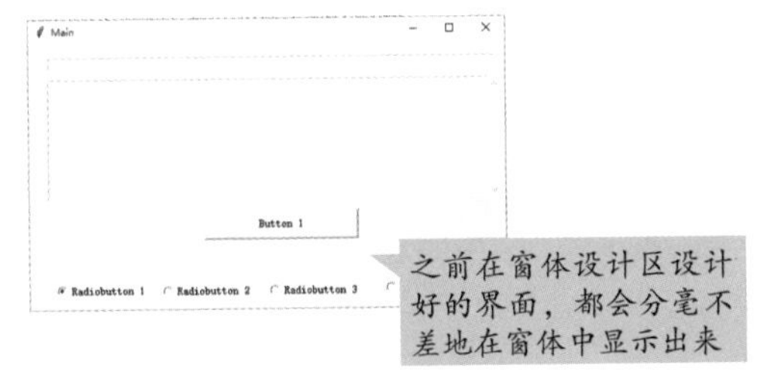

◎ 图 0.13

在保存模块文件的目录下，还生成了一个名为“GUI_ 我的第一个程序 .pyw”的辅助文件，如图 0.14 所示。它保存了界面设计和一些功能实现代码，是模块文件正常运行的保证。注意，这两个文件的名称一经确定，就不能随意修改，否则程序将无法运行。

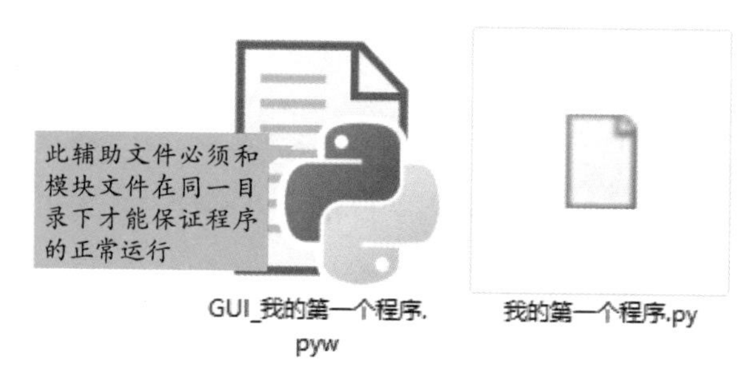

◎ 图 0.14

一步一步顺序来

第一课 奇妙的字符画

学习目标

本课我们将使用字符绘制出类似图 1.1 所示的字符画。

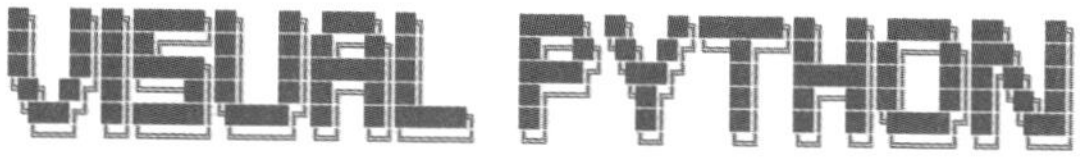

VISUAL PYTHON

◎ 图 1.1

我们将学到的主要知识点如下。

（1）输出函数 print() 和 Print() 的使用。

（2）函数的概念。

（3）代码的缩进格式要求。

（4）注释语句的使用。

（5）Python 文件的保存格式。

（6）播放音符函数 play() 的使用。

准备知识

Python 由荷兰人吉多・范罗苏姆（Guido van Rossum）发明。他认为当时已有的编程语言对非计算机专业的人员十分不友好，于是在

1989 年 12 月，为了打发无聊的圣诞节假期，吉多开始写 Python 的第一个版本。“Python”这个名字来自吉多喜爱的电视连续剧《蒙蒂蟒蛇的飞行马戏团》。他希望新的语言 Python 能够具有创建全功能、易学、可扩展的特性。

Python 崇尚优美、清晰、简单，是一门优秀并被广泛使用的语言。有人说，完成一个相同的任务，使用汇编语言需要 1000 行代码，使用 C 语言需要 500 行代码，使用 Java 需要 100 行代码，而使用 Python 可能只要 20 行代码。

Python 自问世以来，迅速成为一门流行的编程语言，越来越多的公司和机构选用 Python 作为其主要开发语言。例如：

Google 的 Google App Engine、code.google.com、Google Earth、Googlebot、Google Ads 等项目大量使用 Python 进行开发；

美国国家航空航天局（NASA）大量使用 Python 进行数据分析和运算；

视频网站 YouTube 就是用 Python 开发的；

在线云存储网站 Dropbox 的功能全部用 Python 实现，网站每天处理约 10 亿个文件的上传和下载；

图片分享社交网站 Instagram 的功能全部用 Python 开发，网站每天有超过 3000 万张照片被分享；

社交网站 Facebook 的大量基础库通过 Python 实现；

Linux 发行版本 Redhat 中的 yum 包管理工具就是用 Python 开

发的；

豆瓣公司几乎所有的业务用 Python 开发；

国内的问答社区知乎是用 Python 开发的；

在线医疗网站春雨医生是用 Python 开发的。

除此之外，搜狐、金山、腾讯、网易、百度、阿里巴巴、新浪、果壳等公司都使用 Python 来完成各种各样的任务。

界面设计

打开 Visual Python，单击窗体设计区上方的窗体属性按钮，在“窗口设置”中，设置“窗体名称”为“奇妙的字符画”，设置“窗体颜色”为喜欢的颜色，设置窗体全屏，单击“应用”按钮，如图 1.2 所示。

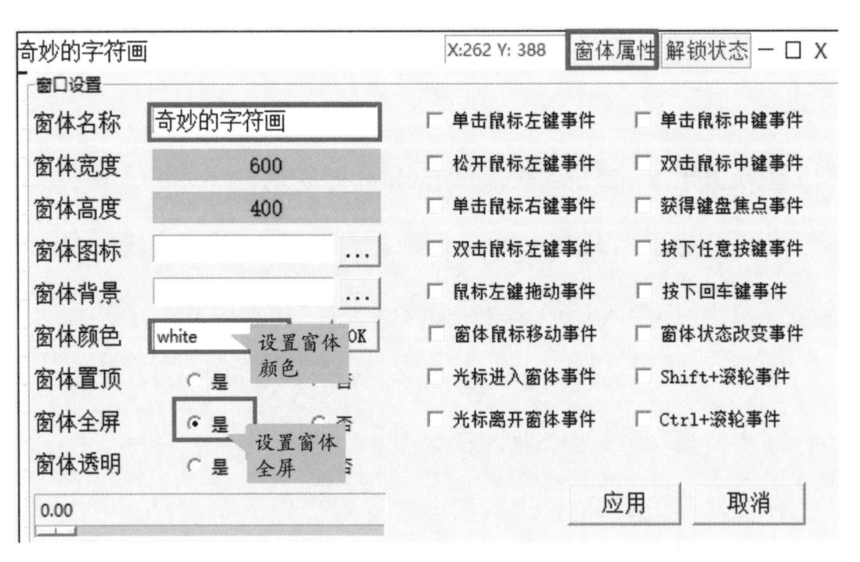

◎ 图 1.2

单击“生成代码并调用编辑器”按钮，在弹出的对话框中选择文件保存位置，在“文件名”输入框中输入“字符画”，单击“保存”按钮，将其保存为模块文件。

以 .py 结尾的 Python 文件双击后不能直接运行，它通常会直接被 Python 编辑器（例如 IDLE++）打开。

以 .pyw 结尾的 Python 文件双击后可以直接运行，就好像运行 Windows 的可执行文件一样。当然，它仍然可以用 IDLE++ 打开。

可以事先在 Visual Python 的“设置”面板中设置默认保存类型是 .py 或 .pyw。

保存模块文件后，Visual Python 的界面将以最小化的方式隐藏，同时打开 IDLE++。如图 1.3 所示，可以看到有一段示例代码放在“Init()”之后，这种语句以 def 开头，以冒号（:）引出代码块，我们称这种代码块为函数，“Init”即为函数名。这么做使得代码更加简单易懂，因为我们可以用这种方式将复杂的任务分解为一个个代码块。

```
12 def Init():                                                        # 初始化函数,程序执行
13     # 以下为动画示例代码，可直接删除，注意删除后函数体不能为空，否则需加空语句pa
14     play("1",400)                                                  # 播放do音400毫秒(不加
15     Print("I love Visual Python")                                  # 在窗体上输出文字,无
16     Print("演示例程：海龟作图",x=100,y=200)                        # 在窗体指定位置输出文
17     Print("Designed by ZXH",fgcolor="red",bgcolor="white")         # 在窗体上输出文字,前
18     Turtle(0,0,600,400)                                            # 初始化海龟画图
19     turtle.color("blue", "red")                                    # 设置画笔的颜色
20     turtle.speed(10)                                               # 设置画笔的速度
21     turtle.begin_fill()                                            # 准备填充颜色
22     for i in range(100):                                           # 循环100次
23         turtle.forward(i)                                          # 画笔前进i个单位
24         turtle.left(50)                                            # 画笔左转50度角
25     turtle.end_fill()                                              # 结束填充颜色
26     turtle.ht()                                                    # 隐藏画笔
27     clear()                                                        # 清空输出的文字
28     window.update()                                                # 窗体刷新
29
```

Init()函数

这些为注释语句

图 1.3

函数是指能完成一定功能的代码块，Init() 函数是 Visual Python 特有的自定义函数。“init”的中文含义是“初始化”。

Visual Python 规定程序运行时，首先执行 Init() 函数内的代码，所以通常将一些需要在程序初始运行时执行的代码放在 Init() 函数中。

Python 有许多内置函数，我们可以调用它们使程序变得简洁。

你注意到每一行代码后面的符号“#”和中文说明了吗？“#”符号表示该部分为注释语句。注释语句起到备注作用，是对代码的解释和说明，它可以帮助初学者更快速地理解代码的含义。Python 解释器在执行代码时会忽略注释语句，不对它做任何处理，就好像它不存在一样。

在不修改任何代码的情况下，直接单击 IDLE++ 的 ▶ 按钮运行程序，示例代码会在窗体上展示一段动画以供初学者学习参考（此段代码可替换为我们自己编写的代码），如图 1.4 所示。

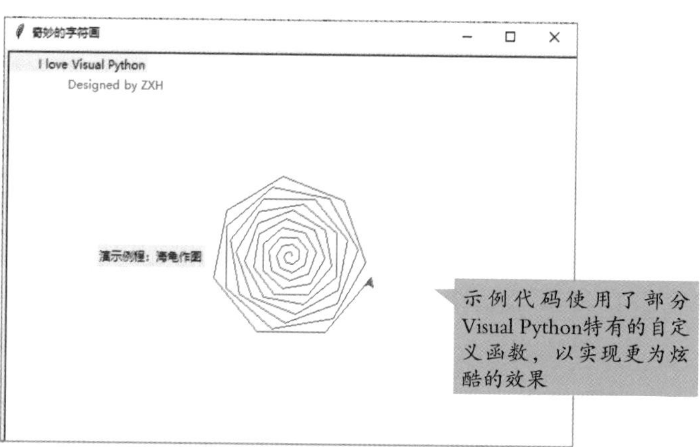

◎ 图 1.4

计算机的“大脑”是 CPU，中文名是中央处理器。它不能直接执行 Python 代码，只能执行由 0 和 1 组成的机器语言。

所以，我们需要一个翻译工具，把 Python 代码翻译成计算机能“听懂”的机器语言，这样计算机才能按照 Python 代码的要求去“做事”，这个翻译工具就是 Python 解释器。

单击 IDLE++ 中的运行模块按钮 ▶，实际是调用 Python 解释器去读取 Python 代码，再将其翻译成机器语言，从而告诉计算机如何做。其工作原理如图 1.5 所示。

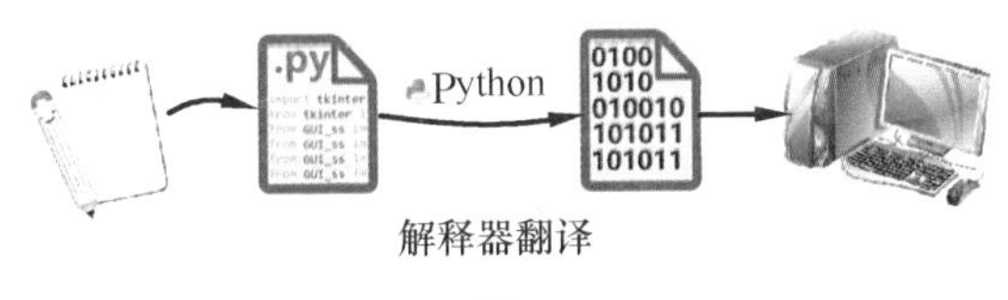

◎ 图 1.5

代码编写

删除 Init() 函数里的示例代码，输入如下代码。注意除双引号内的中文外，其他字符均为半角。此外，Python 是严格区分大小写的，print 和 Print 是不一样的。

```
def Init():                                              # 初始化函数
    print("这是我的第一个Python程序")
    print("我的心情很激动")
    print("我希望它能够一次运行成功")
    print("因为传说中，第一个程序如果能一次运行成功")
    print("那么在以后的学习过程中，就会无往不利")
```

注意输入的每行语句前有 4 个空格，因为 Python 采用代码缩进和冒号 (:) 来区分代码块之间的层次。

Python 默认用 4 个空格作为一个缩进量（在默认情况下，按一次 Tab 键就输入 4 个空格）。

Python 对代码的缩进要求非常严格，同一级别代码块的缩进必须一样，否则 Python 解释器会报语法异常错误（SyntaxError）。

print() 用于输出括号内的内容，是 Python 中最常见的一个函数。

代码写好后单击 按钮保存，再单击 按钮运行，如果代码没有错误，运行结果如图 1.6 所示。

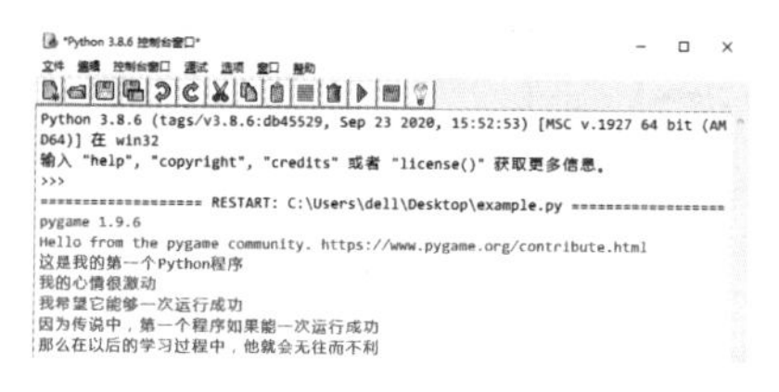

◎ 图 1.6

可以看到，print() 逐行在控制台窗口输出了双引号内的文本内容（这种用双引号或者单引号括起来的文本内容称为字符串），且一行输出结束后自动换行。字符串的内容必须包含在两个双引号或两个单引号内。字符串可以包含英文、数字、中文以及各种符号。

Visual Python 新增了一个可以在窗体上显示字符串的函数 Print()，例如 Print（"我可以在窗体上显示哦"），还可以设置输出字符串的前景色和背景色。例如，设置输出字符串的字体颜色为红色、背景色为蓝色的语句为 Print(" 字符串内容 ","red","blue")。

若设置了字符串的输出坐标，则该行输出不占用正常输出语句的位置。例如：

（1）设置字符串的输出坐标为 (50,100) 的语句为 Print(" 字符串内容 ",x=50,y=100)；

（2）既设置字符串的输出坐标，又设置字符串的字体颜色为红色、背景色为绿色的语句为 Print(" 字符串内容 ",fgcolor="red", bgcolor="blue",x=120,y=150)。

颜色的定义可参照附录 D，注意颜色代码均为字符串，必须包含在两个双引号或两个单引号内。

下面的代码用于绘制一幅心形字符画，输出效果如图 1.7 所示。现在发挥你的创造力，绘制出更漂亮的字符画吧。

```
def Init():                                    # 程序运行时就执行一次的初始化函数
    Print("      ******       ******",fgcolor="red",x=100,y=10)
    Print("   **********  **********",fgcolor="red",x=100,y=20)
    Print(" ************************",fgcolor="red",x=100,y=30)
    Print(" ************************",fgcolor="red",x=100,y=40)
    Print(" ************************",fgcolor="red",x=100,y=50)
    Print(" ************************",fgcolor="red",x=100,y=60)
    Print("  ***********************",fgcolor="red",x=100,y=70)
    Print("   *********************",fgcolor="red",x=100,y=80)
    Print("    *******************",fgcolor="red",x=100,y=90)
    Print("     *****************",fgcolor="red",x=100,y=100)
    Print("      ***************",fgcolor="red",x=100,y=110)
    Print("       *************",fgcolor="red",x=100,y=120)
    Print("        ***********",fgcolor="red",x=100,y=130)
    Print("         *********",fgcolor="red",x=100,y=140)
    Print("          *******",fgcolor="red",x=100,y=150)
    Print("           *****",fgcolor="red",x=100,y=160)
    Print("            ***",fgcolor="red",x=100,y=170)
    Print("             *",fgcolor="red",x=100,y=180)
```

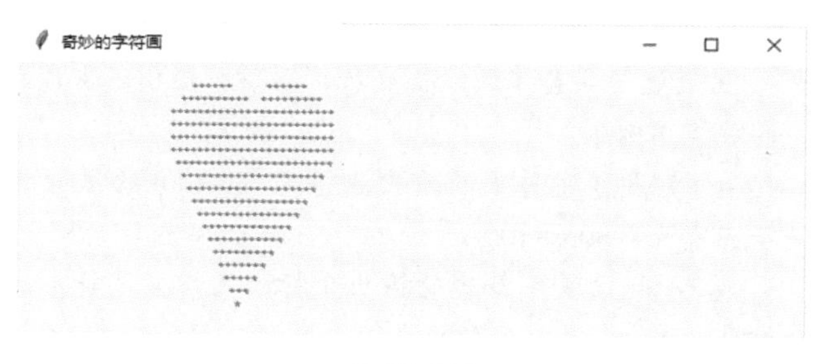

◎ 图 1.7

扩展任务

在开始学音乐时，老师都会教我们唱“do re mi fa so la si”，在音乐中它们是非常重要的 7 个音。基本的 C 大调音阶就是由它们组成的，如图 1.8 所示。

◎ 图 1.8

在 Visual Python 中可以通过编程将这 7 个音用高音、中音、低音的方式来播放。例如，play("1",400) 表示播放中音“do”400 毫秒（1 秒 = 1000 毫秒）；play("+2",400) 表示播放高音“re”400 毫秒；play("–3",400) 表示播放低音“mi”400 毫秒。

试从网上找一段简单的乐谱，编写代码，使程序既能显示字符画，又能播放一段音乐。

练习 在 Python 中字符串也可以使用三个单引号或三个双引号来表示字符串，这样字符串中的内容就可以多行书写，并且被多行输出。

例如输出如下一段古诗文的代码。

```
Text="""
    观沧海

东临碣石，以观沧海。
水何澹澹，山岛竦峙。
树木丛生，百草丰茂。
秋风萧瑟，洪波涌起。
日月之行，若出其中；
星汉灿烂，若出其里。
幸甚至哉，歌以咏志。

"""

def Init():
    Print(Text,bgcolor='red')   # 输出之前定义的字符串Text，注意不要加引号
```

如图 1.9 所示，网络上有一些免费的在线生成 ASCII 字符画的网站，例如 https://tools.kalvinbg.cn/image/asciiPic 等，试选择喜欢的图片生成字符画后，使用 Print() 绘制到窗体上。

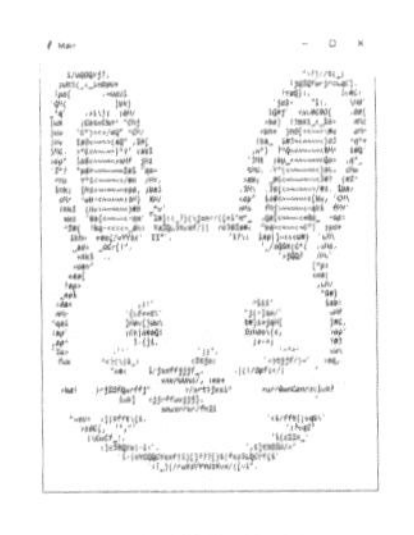

◎图 1.9

第二课 简单计算器

本课我们将制作一个如图 2.1 所示的简单计算器，用于计算复杂的数学表达式。

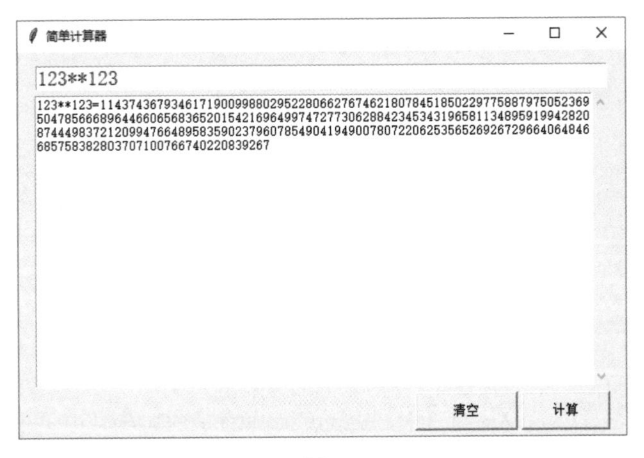

◎ 图 2.1

我们将学到的主要知识点如下。

（1）数值的类型。

（2）算术运算符的使用。

（3）数据类型的强制转换。

（4）控件的事件驱动的添加。

（5）字符串和数值的区别。

（6）对象、属性、方法和事件驱动的概念。

（7）字符串连接符“+”的使用。

（8）type()、get()、delete()、insert()、eval() 的使用。

上一课我们使用 print() 函数在屏幕上输出了各种各样的字符串（string）。除了字符串类型外，Python 还定义了许多其他的数据类型，例如数值的类型有整型和浮点型：

（1）整型（int）数值就是平时所见的整数，如 –1、2、–3、4、100、1200 等；

（2）浮点型（float）数值就是平时所见的小数，如 3.14 是浮点型数值，1.0 也是浮点型数值。

Python 区分整型和浮点型的唯一方式，就是看有没有小数点。通过函数 type() 可以输出数据的类型，例如运行以下代码。

```
print(type(" 字符串 "))
print(type(100))
print(type(3.14))
```

输出结果如下。

```
<class 'str'>
<class 'int'>
<class 'float'>
```

Python 可以对整型和浮点型数值进行算术运算，Python 的算术运算符及其含义和说明如表 2.1 所示。

表 2.1 Python 的算术运算符及其含义和说明

运算符	含义	说明
+	加号	两数相加，例如 2 + 3 的值为 5
-	减号	两数相减，例如 2 - 3 的值为 -1
*	乘号	两数相乘，例如 2*3 的值为 6
/	除号	两数相除，结果为浮点数，例如 3/2 的值为 1.5
%	取余	两数相除，结果取余数部分，例如 5%3 的值为 2
**	幂运算	求 a^b 的值，例如 2**3 的值为 8
//	整除	两数相除，结果仅取整数部分，例如 3//2 的值为 1
( )	圆括号	和数学运算规则一样，圆括号内的表达式优先计算

Python 以圆括号代替数学中的方括号和花括号运算符，程序运行时将按由内到外的顺序计算圆括号里表达式的值。例如数学表达式 2×{4 - [3 - (2 - 9)]}，将其转化成 Python 的表达式为 2*(4–(3–(2–9)))。

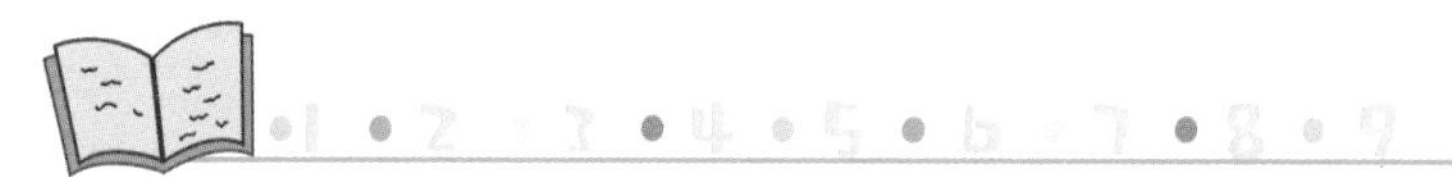

Python 除了圆括号里表达式的计算最优先外，其余运算优先次序如下。

（1）幂运算。

（2）乘法、除法、取余、整除，依照出现顺序运算。

（3）加法、减法，依照出现顺序运算。

例如执行 print((5+6)*8–2)，输出结果为 86。

设计程序时，可以使用下列函数强制转换数据类型。

（1）int()：将括号内的内容转换为整型，例如执行 print(int(123.45)+2)，输出结果是 125 而不是 125.45。

（2）float()：将括号内的内容转换为浮点型，例如执行 print(float(100))，输出结果是 100.0 而不是 100。

（3）str()：将括号内的内容转换为字符串，例如执行 print(str(123)+str(456))，输出结果是字符串 "123456" 而不是 579，此时 “ + ” 起到连接两个字符串的作用。

字符串和数值的区别如下。

字符串必须用双引号或单引号括起来，例如 'abcde'、"12345" 等。这类似于我们在书面语言表达中，某人说的话要用双引号括起来。显然，某人说的话可以是中文，可以是英文，可以是数字，可以是各种符号，不需要做任何修改，原封不动地复述出来就好。

数值是不能用双引号和单引号括起来的。所以 "12345" 和 12345 是不同类型的数据，Python 处理它们的方式也是不一样的。诸如 123+456 这样的表达，在现实生活中的理解就是数学老师在黑板上写的一个数学表达式，你必须要计算出结果。

了解了以上的知识后，我们使用 Visual Python 设计一个简单计算器，用来进行复杂的算术运算。

打开 Visual Python，设置窗体名称为“简单计算器”，选中 [el 输入框]

控件、文本框控件和按钮控件绘制界面，如图 2.2 所示。

简单计算器 X:554 Y: 60 窗体属性 解锁状态

Entry1 输入框Entry1用于输入数字表达式

Text1 文本框Text1用于显示计算结果

单击按钮Button2开始计算

单击按钮 Button1 清除文本框 Text1 中的内容 清空 计算

◎ 图 2.2

窗体和这些绘制在窗体设计区内的控件都被看作对象（object）。

对象的概念放在现实生活中可以这么理解：我是一个对象，我的计算机是一个对象，面前的桌子是一个对象，家里养的小狗也是一个对象……换言之，目之所及的事物均为对象。

在 Python 中“万物皆对象”，所以，绘制的输入框、文本框、按钮等均为对象。

Python 是面向对象的编程语言，它符合我们的思维习惯，具有很强的灵活性和可扩展性，开发效率很高。

绘制好所有的控件后，我们需要在 Visual Python 工作界面右侧的控件属性设置面板中设置某些控件的属性，如图 2.3 所示。使用控件属性设置面板的前提是已选中窗体设计区中的某个控件，否则控件属性设置面板的状态为灰色，表示不可用。

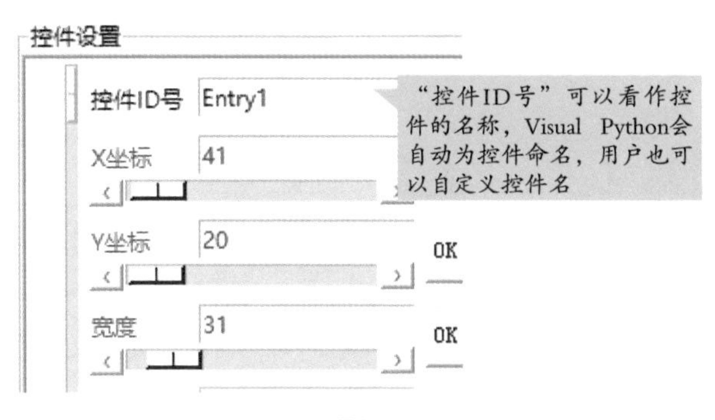

◎图 2.3

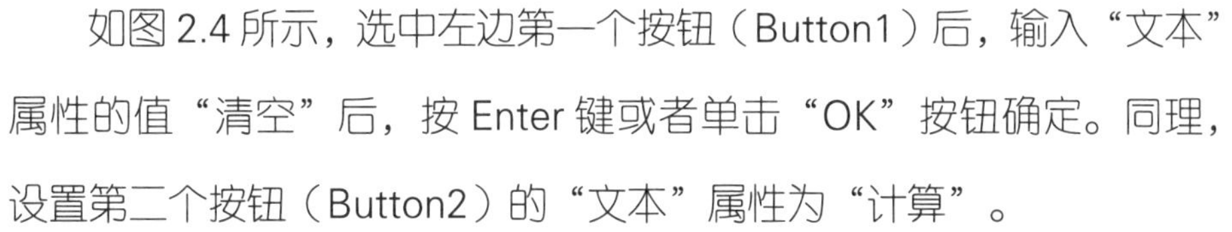

属性（attribute）用来描述某个对象的特征，例如小狗是一个对象，它的名字、颜色、大小、年龄、体重等都是它的属性。

对于绘制在窗体设计区的控件来说，它的名称、位置、大小、颜色等是它的属性，可以通过设置它的属性值改变其特征。

不同的控件有不同的属性，但也有一些共有属性，例如每个控件都有一个"控件 ID 号"属性，而控件箱中的横滚条和纵滚条的"长度"属性是独有的（其他控件对应的属性是"宽度"和"高度"属性）。

如图 2.4 所示，选中左边第一个按钮（Button1）后，输入"文本"属性的值"清空"后，按 Enter 键或者单击"OK"按钮确定。同理，设置第二个按钮（Button2）的"文本"属性为"计算"。

◎图 2.4

若希望单击“清空”按钮时，文本框的内容能被清空，单击“计算”按钮时，能计算输入框内数学表达式的值并将结果显示在文本框内，就要用到 Python 的事件驱动机制。

事件驱动（event driven）放在现实生活中可以这么理解：我对小狗这个对象扔了一个肉包子，扔肉包子的行为就是一个事件，这个事件引起了小狗的反应，驱动小狗对我摇尾巴这样的行为发生。

对于 Python 来说，就是在控件上发生了一个事件（例如单击该控件、从键盘输入字符到该控件上、鼠标指针移到该控件上等），引起了控件的反应，并为此执行了一段相应的代码。

在 Visual Python 中，为控件添加事件驱动代码很方便，只需选中相应控件，然后在 Visual Python 工作界面右下方的控件事件设置面板中单击事件对应的 添加... 按钮即可。对于窗体设计区内的两个按钮来说，因为需要添加的是单击鼠标左键事件，所以单击“单击鼠标左键事件”标签右边的 添加... 按钮即可，如图 2.5 所示。

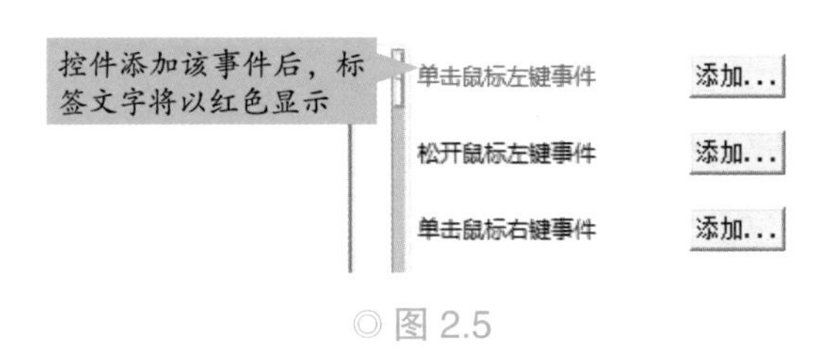

◎ 图 2.5

为两个按钮分别添加了单击鼠标左键事件后，单击 生成代码并调用编辑器 按钮保存文件。下面我们将在打开的 IDLE++ 中编写代码。

代码编写

可以看到在 IDLE++ 中显示的代码里，已经添加了 Button1 和 Button2 的单击鼠标左键事件的函数。

```
def Button1_Mouse_Press_1(event):       # Button1的鼠标左键按下事件函数
    print("Button1 的鼠标左键按下了 事件发生")

def Button2_Mouse_Press_1(event):       # Button2的鼠标左键按下事件函数
    print("Button2 的鼠标左键按下了 事件发生")
```

单击 ▶ 按钮运行程序，尝试分别单击 清空 、 计算 按钮，如果能在控制台窗口中输出相应的字符串，则说明两个按钮的事件驱动代码是可以正常运行的，如图 2.6 所示。稍后只需要将输出语句替换为我们自己写的代码即可。

```
Python 3.8.6 (tags/v3.8.6:db45529, Sep 23 2020,
D64)] 在 win32
输入 "help", "copyright", "credits" 或者 "licen
>>>
=================== RESTART: C:\Users\dell\Desk
pygame 1.9.6
Hello from the pygame community. https://www.py
Button1 的鼠标左键按下了 事件发生
Button1 的鼠标左键按下了 事件发生
Button1 的鼠标左键按下了 事件发生
Button1 的鼠标左键按下了 事件发生
Button2 的鼠标左键按下了 事件发生
Button2 的鼠标左键按下了 事件发生
Button2 的鼠标左键按下了 事件发生
```

单击按钮则执行对应的代码，即输出对应的字符串

◎ 图 2.6

要实现的代码逻辑关系如图 2.7 所示。

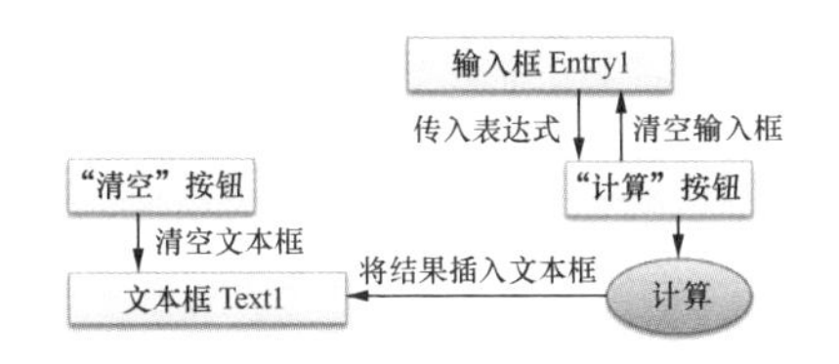

◎ 图 2.7

替换后的代码如下（如果有 Init() 函数的动画示例代码，将其全部删除）。

```
def Button1_Mouse_Press_1(event):      # "清空"按钮的单击事件
    Text1.delete('1.0','end')

def Button2_Mouse_Press_1(event):      # "计算"按钮的单击事件
    Text1.insert('end',str(Entry1.get())+'='+str(eval(Entry1.get()))+'\n')
    Entry1.delete(0,'end')
```

Text1.delete('1.0','end') 表示将文本框 Text1 里显示的内容全部删除。

Entry1.delete(0, 'end') 表示将输入框 Entry1 里显示的内容全部删除。

Text1.insert('end',str(Entry1.get())+'='+str(eval(Entry1.get()))+'\n') 表示在文本框 Text1 的末尾处插入 str(Entry1.get())+'='+str(eval(Entry1.get()))+'\n' 字符串，其中 Entry1.get() 用于获取输入框 Entry1 里的数学表达式，eval() 将括号内的字符串当成有效的表达式来求值并返回计算结果。

字符 '\n' 表示换行输出。

举例来说，小狗除了名字、颜色、大小、年龄、体重等属性外，它还有一些行为，例如，它会汪汪叫，它会摇尾巴，它会作揖……

在 Python 里，这些行为称作方法（method）。

对于控件来说，如 Text1，它有什么方法呢？显然，delete() 和 insert() 都是它的方法。

于是可以得出一个结论：对象＝属性＋方法。

代码替换完毕后单击💾按钮保存，再单击▶按钮运行。

在输入框中输入一个四则运算数学表达式，如图 2.8 所示。注意，输入的字符均为半角。

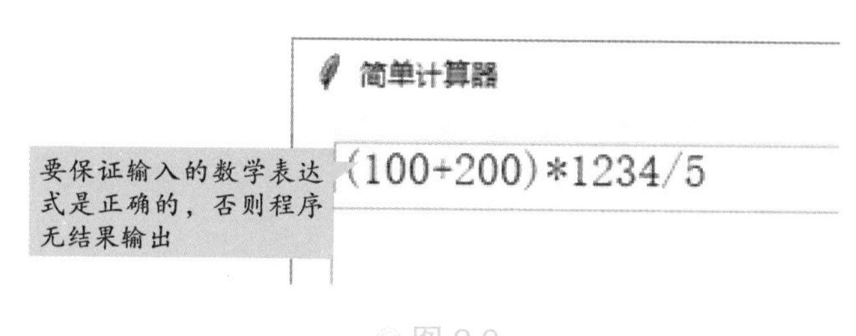

◎ 图 2.8

单击“计算”按钮，表达式的计算结果将显示在文本框内，同时输入框的内容被清空，便于下一个数学表达式的输入，如图 2.9 所示。

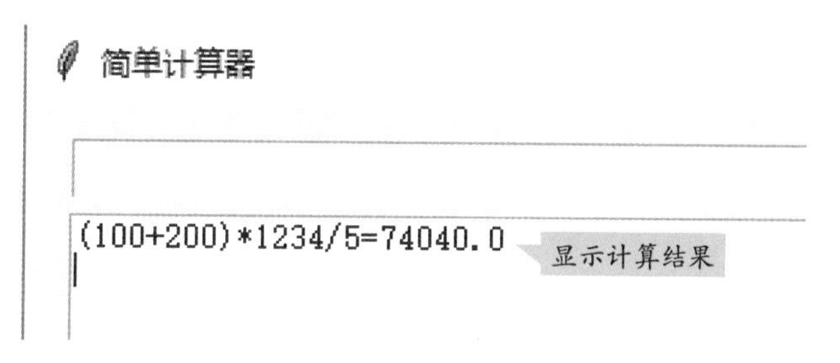

◎ 图 2.9

动手实践

【实践 1】使用简单计算器计算以下数学表达式的值。

（1）(1234+2)−3*4/5%100

（2）123**123

（3）(((((1+2)*3+4)*5+6)*7+8)*9+10)+11

【实践 2】将 Text1.insert('end',str(Entry1.get())+'='+str(eval(Entry1.get()))+'\n') 中的“end”替换为“1.0”，即 Text1.insert('1.0',str(Entry1.get())+'='+str(eval(Entry1.get()))+'\n')，替换后运行程序并观察运行结果，试回答 'end' 和 '1.0' 的作用是什么。

【实践 3】试考虑要实现在 Text1 中每输出一行计算结果后空一行，代码应该怎么修改。

扩展任务

之前完成的简单计算器使用起来有些不方便，因为在输入框中输入数学表达式后，必须单击“计算”按钮才开始计算。更便捷的操作是在输入框中输入数学表达式后，按下 Enter 键即输出计算结果。这显然需要给某个控件再添加一个事件驱动，应该给哪个控件添加事件驱动？添加的应该是什么事件驱动？事件驱动添加后的代码应该怎么写？

（提示：在 Visual Python 中，为控件添加新的事件驱动后，单击“生成代码并调用编辑器”按钮，重新生成的文件名如果和原文件名相同，会在原文件的代码基础上添加新增的代码。）

课后练习

执行简单的 Python 代码，也可以在 IDLE++ 的控制台窗口（Shell）里进行数学表达式的运算，方法是单击 IDLE++ 中的快捷按钮，打开控制台窗口，如图 2.10 所示。

```
Python 3.8.6 控制台窗口
文件 编辑 控制台窗口 调试 选项 窗口 帮助
Python 3.8.6 (tags/v3.8.6:db45529, Sep 23 2020, 15:52:53) [MSC v.1927 64 bit (AM
D64)] on win32
输入 "help", "copyright", "credits" 或者 "license()" 获取更多信息。
>>> |
```

◎ 图 2.10

从图中可以看到，控制台窗口里显示了一些参考信息，最后一行出现了提示符“>>>”，它的含义是 Python 已经准备好了，可以输入 Python 语句。

输入 100//3 后按 Enter 键，控制台窗口会输出该表达式的结果 33，如图 2.11 所示。

```
>>> 100//3
33
>>>
```

◎ 图 2.11

输入 print(100*1000) 后的运行结果如图 2.12 所示。

```
>>> print(100*1000)
100000
>>>
```

◎ 图 2.12

练习 1 试输入 print("100*1000") 并执行，思考输出结果为什么和执行 print(100*1000) 的输出结果不一样。

练习 2 执行 print("2 的 16 次方为 "+2**16) 语句会报错，而执行 print("2 的 16 次方为 "+str(2**16)) 语句的输出结果是正确的，请思考为什么。

练习 3 试用自己的理解回答对象、属性、方法和事件驱动的含义。

第三课　炫彩绘画

本课我们将制作一个如图 3.1 所示的绘图窗体，当鼠标指针在窗体上移动时，窗体的相应位置将绘制出绚丽的图形。

◎ 图 3.1

我们将学到的主要知识点如下。

（1）计算机的二进制存储原理。

（2）显示器显示颜色的原理。

（3）变量的概念及变量的命名规则。

（4）运算符“=”的概念。

（5）画布控件的绘图方法。

（6）用于设置颜色的 color((r,g,b)) 方法的使用。

（7）用于设置控件属性的 config() 方法的使用。

计算机中存储的所有数据都是以二进制形式存在的，即用 0 和 1 表示所有的数据。由 0 和 1 组成的二进制数可以表示所有的十进制数，例如有 0~9 共 10 个十进制数，可将其转换为对应的二进制数，如图 3.2 所示。

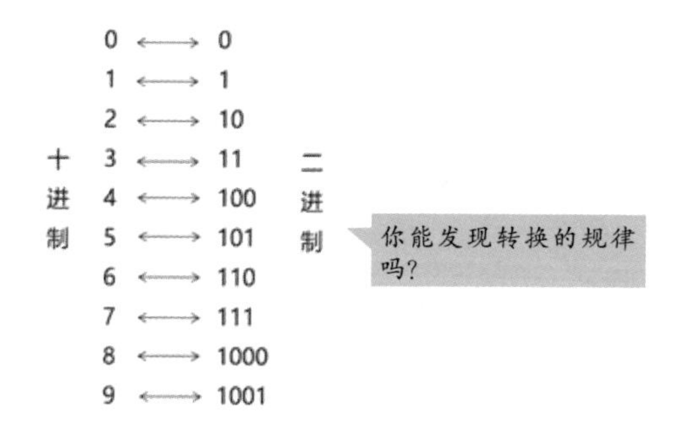

◎ 图 3.2

二进制的加法规则：0+0=0，0+1=1，1+0=1，1+1=10(向高位进位)。

二进制的减法规则：0−0=0，10−1=1(向高位借位)，1−0=1，1−1=0。

还有 12 进制数、24 进制数、60 进制数等，想一想，它们都应用在什么方面?

为什么计算机要使用二进制格式来存储数据呢？答案是因为使用二进制格式最容易实现数据的存储。例如有一张存储视频的 CD 光盘，图 3.3（a）的螺旋形轨道表示存储的视频数据，图 3.3（b）是 CD 光盘在显微镜下显示出来的一个个用激光烧出来的"坑"。有"坑"的地方表示 1，没有"坑"的地方表示 0，这就是 CD 光盘用二进制格式存储数据的方法。

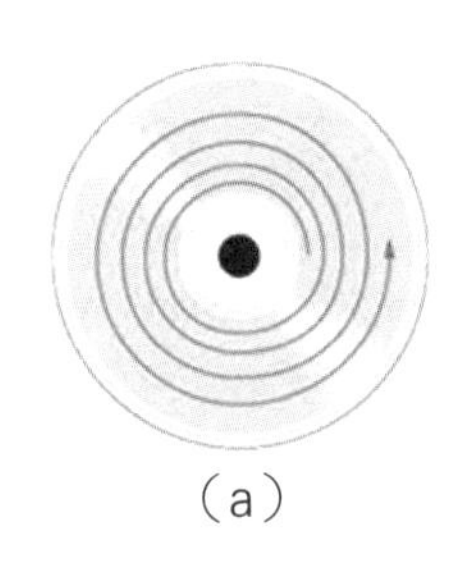
（a）

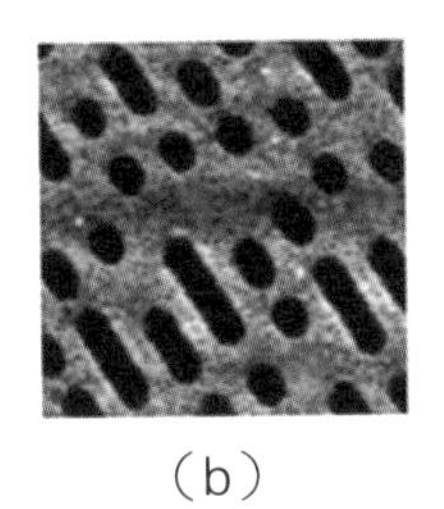
（b）

◎ 图 3.3

同理，计算机使用的磁盘是经过磁化的，只要将磁化的位置表示为 1，未磁化的位置表示为 0，即可用二进制格式存储数据。电路的开和关也可以表示成 1 和 0 两种状态。

位图图像（bitmap）是由称作像素的单个点组成的。若将黑色方块表示为 1，将白色方块表示为 0，即可将该图按行列顺序转化为由 1 和 0 两个数字组成的一个数字图案，如图 3.4 所示。

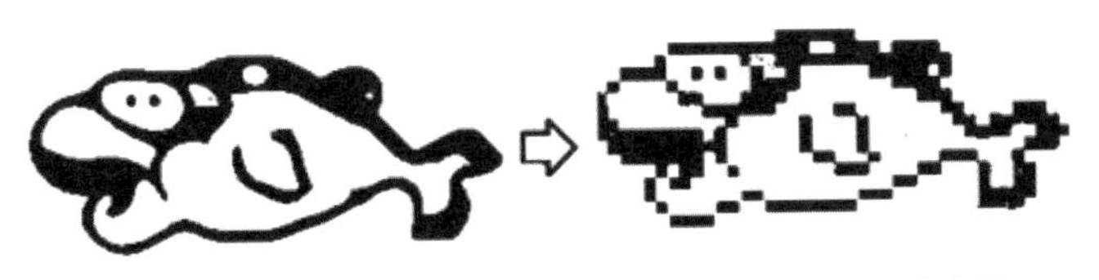

◎ 图 3.4

彩色图像的表示也是同样的道理，只不过不同的颜色用不同数值表示并将其转化为二进制。计算机屏幕上显示的颜色是由红色、绿色、蓝色 3 种色光按照不同的比例混合而成的。红色、绿色、蓝色又称为三原色光，用英文表示就是 R（red）、G（green）、B（blue），（255,0,0）表示红色，（0,255,0）表示绿色，（0,0,255）表示蓝色。通常情况下，RGB 的数值用整数来表示，即 0，1，2，3，…，255 共 256 级，如图 3.5 所示。

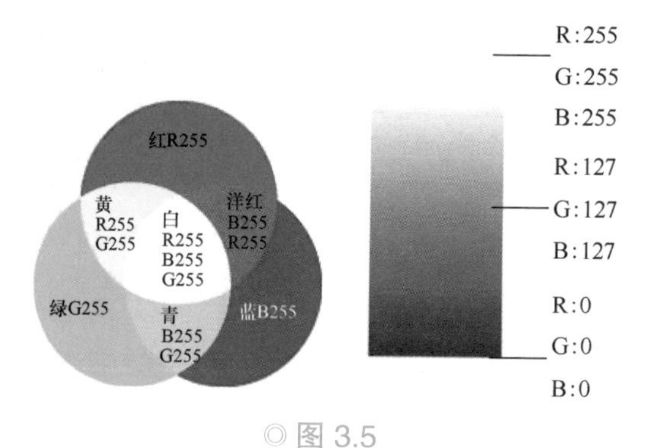

◎ 图 3.5

256 级的 RGB 色彩总共能组合出约 1678 万种色彩，即 256 × 256 × 256 = 16777216，这也称为 24 位色 (2 的 24 次方)。

下面让我们用 Python 在计算机屏幕上绘制出绚丽的图形吧。

打开 Visual Python，单击窗体属性按钮，设置“窗体名称”为“炫彩绘画”，并调整窗体尺寸，使其足够大。

选中画布控件，在窗体上绘制画布，并调整画布的尺寸，使之完全覆盖窗体，后面将要在这张画布上绘制图形，如图 3.6 所示。

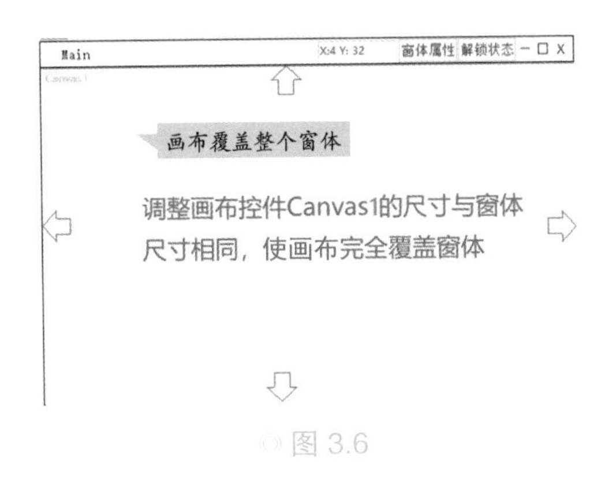

图 3.6

选中画布后，在控件事件设置面板中添加事件“鼠标移动事件”，如图 3.7 所示，使得鼠标指针在画布上移动时，事件驱动机制会被触发，并在画布的相应位置绘制出彩色图形。

图 3.7

单击 生成代码并调用编辑器 按钮保存文件。下面我们将在 IDLE++ 中编写代码。

代码编写

在自动生成的代码中，Canvas1_Mouse_Move(event) 为画布 Canvas1 的鼠标移动事件函数，当鼠标指针在画布 Canvas1 上移动时，程序将执行该函数体内的代码。

要实现的代码的逻辑关系如图 3.8 所示。

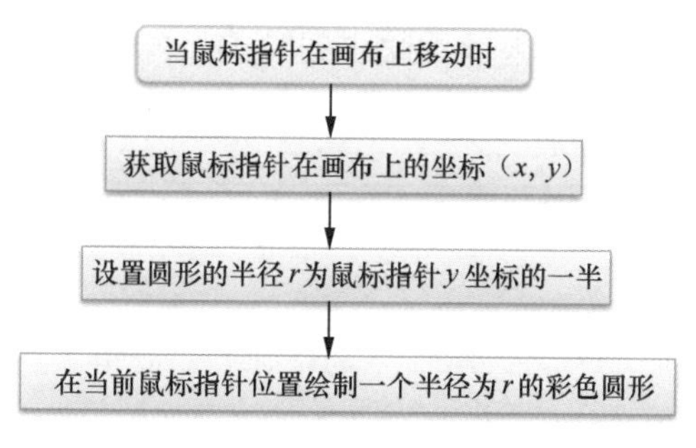

◎ 图 3.8

现在替换函数体内的代码如下。

```
def Canvas1_Mouse_Move(event):          # Canvas1的鼠标移动事件函数
    x=event.x
    y=event.y
    r=y//2
    Canvas1.create_oval(x-r,y-r,x+r,y+r,outline=color((x%256,y%256,x%256)))
    Canvas1.config(bg=color((x%256,y%256,((x+y)//2)%256)))

def Init():
    pass
```

pass为空语句，它不做任何事情，仅作为占位语句使用，因为函数体不能为空

代码中 event.x 和 event.y 分别表示当前事件（event）发生时，鼠标指针在画布 x 轴和 y 轴上的坐标值，所以 x=event.x 和 y=event.y 表示将当前鼠标指针的坐标值赋给变量 x 和 y。

在数学课上，老师经常将 x、y、z 作为未知量，未知量的值是可以变化的。

在 Python 中，类似于这样的未知量称为变量。所谓变量，就是定义之后还能发生改变，可以重新赋值的量。

因为移动鼠标时，鼠标指针在画布上的坐标不断变化，所以变量 x 和 y 的值也在不断变化。

变量的命名需要符合下面几个原则。

（1）变量名只能由大小写字母、数字、汉字和下划线组成。

（2）变量名不能以数字开头。

（3）变量名中不能有空格。

（4）变量名不能和 Python 的关键字相同。

在 IDLE++ 的控制台窗口输入 help('keywords')，即可输出 Python 的所有关键字，如图 3.9 所示。

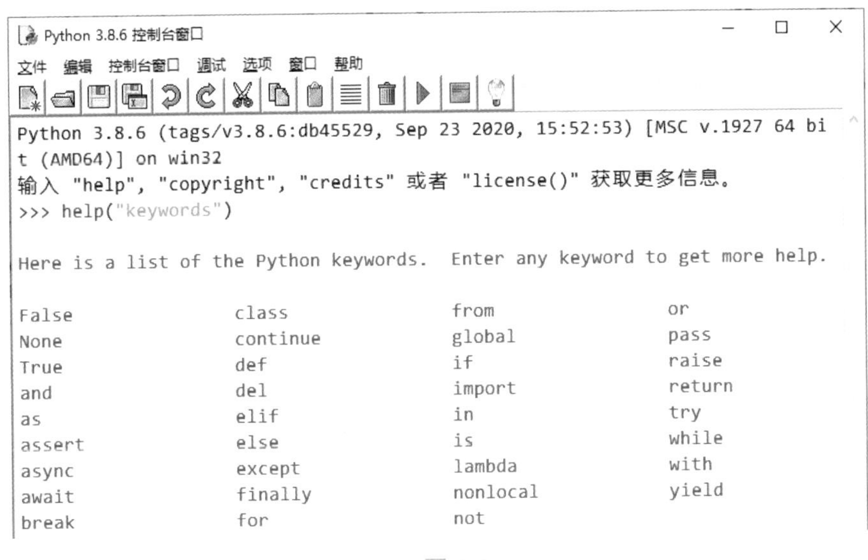

图 3.9

注意 Python 中的等号和数学中的等号作用不同，简单理解就是 Python 中的等号将等号右边的值赋给等号左边的变量，更准确的表达是将等号左边的变量像标签一样贴在等号右边的对象（数值）上。例如首先执行 xyz=999，Python 会分配一段内存空间用于创建整数对象“999”，并给这个“999”“贴”上名为“xyz”的标签。然后再执行

xyz=10320，Python 会在另一段内存空间创建整数对象“10320”，并把标签“xyz”从“999”上“撕”下来“贴”到“10320”上，如图 3.10 所示。此时，我们就无法再通过“xyz”得到“999”这个值了。

◎ 图 3.10

变量 *r* 用来控制绘制的圆形大小，r=y//2 表示变量 *r* 的值只有 *y* 坐标值的一半，且是整型数据。Python 默认画布左上角的坐标为（0,0），鼠标指针沿着 *x* 轴向右移动，变量 *x* 值增大，沿着 *y* 轴向下移动，变量 *y* 值增大。所以，越靠近画布的上边，绘制的圆形就越小；越靠近画布的下边，绘制的圆形就越大，如图 3.11 所示。

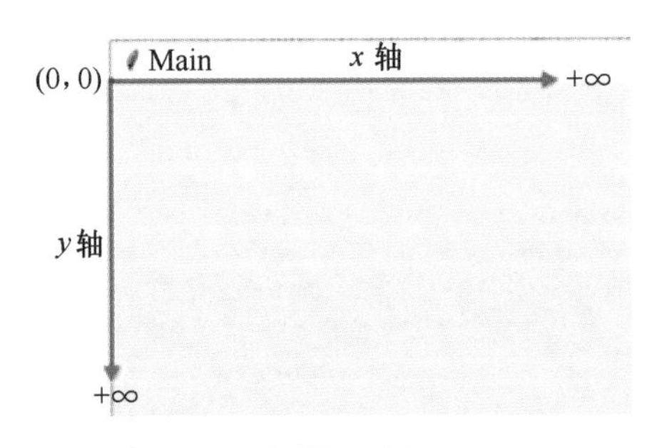

◎ 图 3.11

在画布 Canvas1 上绘制圆形 / 椭圆形的语句是 Canvas1.create_oval(x0,y0,x1,y1,outline= color((x%256,y%256,x%256)))，其中“x0”“y0”为圆形 / 椭圆形的左上角坐标，“x1”“y1”为圆形 / 椭圆形的右下角坐标。因为代码中“x0=x−r”“y0=y−r”“x1=x+r”“y1=y+r”，

所以画布 Canvas1 上绘制的是半径为 r 的圆形，如图 3.12 所示。

outline 表示圆形 / 椭圆形的边框颜色，且边框颜色为 color ((x%256,y%256,x%256))。

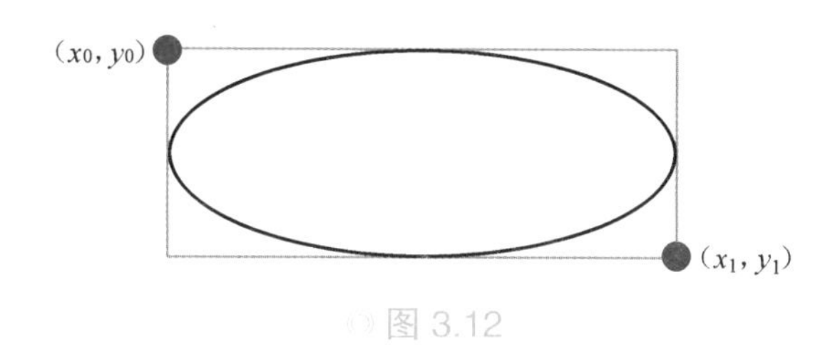

图 3.12

color((R,G,B)) 是 Visual Python 特有的颜色函数，圆括号内的 3 个数分别代表红、绿、蓝光学三原色（RGB）的值。

因为 x 和 y 的值可能会很大，而三原色的值范围是 0~255，所以取 x%256 和 y%256 的值，使计算出来的数值始终限制在 0~255。

注意 RGB 值必须用一对圆括号括起来，使之成为一个整体，这样才可以被正确识别并执行。

Canvas1.config(bg=color((x%256,y%256,((x+y)//2)%256))) 表示设置画布 Canvas1 的背景色为 color((x%256,y%256,((x+y)//2)%256))，其中“config”的中文含义是“配置”，“bg”是“background”（背景）的英文缩写。

单击 IDLE++ 的 ▶ 按钮运行程序，可以看到，当鼠标指针在画布上移动时，画布上绘制出了绚丽的图形。

【实践 1】在程序中，画布控件 Canvas1 的背景色和圆形的边框颜色分别设置为 color((x%256,y%256,((x+y)//2)%256)) 和 color((x%256,y%256,x%256))，请尝试自定义 RGB 值的变化规则，使绘制出来的图形与众不同。

【实践 2】将绘制圆形的操作更改为绘制椭圆形的操作。

画布控件不仅可以绘制圆形和椭圆形，还可以绘制其他的图形，常用的绘制图形的方法、说明和参数如表 3.1 所示。

表 3.1　绘制图形的方法、说明和参数

方法	说明	参数
create_line()	直线	(起始坐标)，(终点坐标)，width= 线宽，fill= 颜色
create_arc()	圆弧	(起始坐标)，(终点坐标)，width= 线宽，fill= 颜色
create_rectangle()	矩形	(起始坐标)，(终点坐标)，fill= 填充色，outline= 边框色
create_polygon()	多边形	多个点的坐标，fill= 填充色，outline= 边框色
create_text()	文字	text=" 文字 "

一些图形绘制的参考代码如下，试发挥自己的想象力，在按照代码绘制图形的过程中，修改自己的代码，以实现更多图形的绘制效果。

```
# 画一条实线， fill:填充的颜色
Canvas1.create_line((50, 100), (100, 100), width=5, fill="red")

# 画一条虚线， dash=(1, 1)
Canvas1.create_line((200, 200), (200, 300), width=5, fill="green", dash=(1,
1))

# 画一个圆弧
Canvas1.create_arc((100, 100), (300, 200), width=5)

# 显示文字
Canvas1.create_text((200, 200), text="Visual Python", font=("微软雅黑", 18))

# 绘制一个矩形，outline：边框颜色
Canvas1.create_rectangle(50, 25, 150, 75, fill='blue', outline='green',
width=5)

# 绘制一个多边形
point = [(100, 100), (200, 200), (200, 300), (300, 400), (500, 500)]
Canvas1.create_polygon(point, outline='green', fill='green')
```

练习 魔术师拿出5张牌，在每张牌上写了一些数字，如图3.13所示。魔术师随机请一位观众默默地选择牌中的任一个数字，并询问他这个数字在哪几张牌上出现过，然后魔术师就可以准确地猜出观众选择的数字是几，这是不是很神奇呢？

牌1			牌2			牌3			牌4			牌5		
3	5	7	3	6	7	5	6	7	9	10	11	17	18	19
9	11	13	10	11	14	12	13	14	12	13	14	20	21	22
15	17	19	15	18	19	15	20	21	15	24	25	23	24	25
21	23	25	22	23	26	22	23	28	26	27	28	26	27	28
27	29	31	27	30	31	29	30	31	29	30	31	29	30	31

图 3.13

其中的道理很简单，将所有牌上的数字都转化成二进制数，可以发现图 3.14 所示的规律。

即将第一张牌上的任意一个数字转化为二进制数，例如 3 的二进制数为 11，5 的二进制数为 101，17 的二进制数为 10001，可以发现，它们的最后一位均为 1；将第二张牌上的任意一个数字转化为二进制数，例如 6 的二进制数为 110，18 的二进制数为 10010，它们的倒数第二位均为 1。

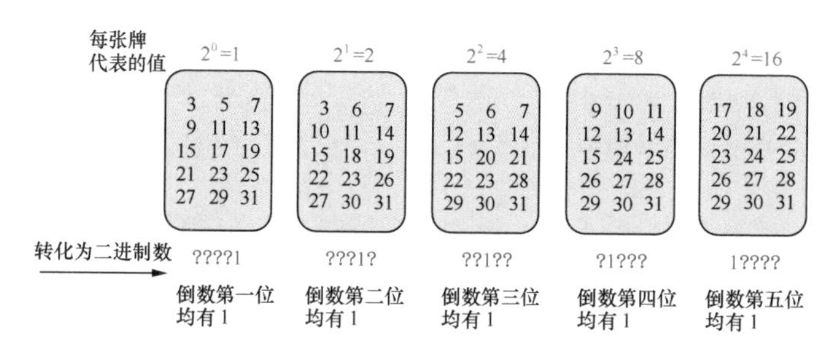

◎ 图 3.14

例如观众心里选择的数是 19，因为 19 的二进制数为 10011，所以第 1、2、5 张牌上一定会有 19 这个数字，而第 3、4 张牌上一定没有 19 这个数字，所以这实际上就是观众把心中选择的数以二进制的形式“告诉”给了魔术师。将二进制数 10011 转为十进制数即为 $2^0+2^1+2^4=19$。

猜数游戏可以变成一个相当精彩的猜百家姓游戏。假设游戏者共有 10 人，且有 10 个不同的姓：张、王、李、赵、刘、于、许、金、钱、孙。魔术师将 10 个姓写在 4 张纸牌上，游戏者只需指出哪几张纸牌上有自己的姓，魔术师就能准确说出游戏者的姓，如图 3.15 所示。

张 李 刘 许 钱	王 李 于 许 孙	赵 刘 于 许	金 钱 孙

◎ 图 3.15

请思考这是怎么实现的。

第四课　高级计算器

学习目标

本课我们将制作一个如图 4.1 所示的高级计算器，通过按钮输入的方式计算复杂的数学表达式。

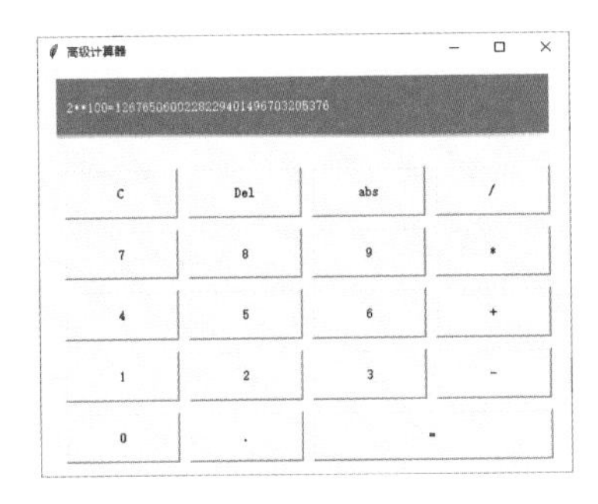

◎ 图 4.1

我们将学到的主要知识点如下。

（1）切片的概念及操作。

（2）索引的概念。

（3）abs()、round()、bin()、oct()、hex()、math.sqrt() 的使用。

准备知识

在利用 Python 解决各种实际问题的过程中，经常会遇到从某个对

象中抽取部分内容的情况，例如从某个字符串中抽取部分字符。这就要用到切片操作。

在讲切片操作之前，先介绍索引的概念，索引相当于为对象编号。例如字符串“ABCDEFG”，从 0 开始，从左向右为每个字符编索引号，如表 4.1 所示，我们将这种从左向右顺序编号得到的索引号称为正索引值。

表 4.1　正索引值

字符串	A	B	C	D	E	F	G
正索引值	0	1	2	3	4	5	6

从左向右

相应地，我们将从右向左顺序编号得到的索引号称为负索引值，其索引值均为负数（从 –1 开始），如表 4.2 所示。

表 4.2　负索引值

字符串	A	B	C	D	E	F	G
负索引值	–7	–6	–5	–4	–3	–2	–1

从右向左

一个完整的切片表达式包含两个“:”，它们用于分隔 3 个参数（开始索引值、结束索引值、步长）。当只有一个“:”时，默认第三个参数步长为 1，步长值的正负号决定了切取方向，正号表示从左往右取值，负号表示从右往左取值。

例如，单击 IDLE++ 的按钮打开控制台窗口（Shell），输入图 4.2 所示的两行代码，因为省略了步长这个参数，所以步长为 1，从左到右取值，输出“CDE”。

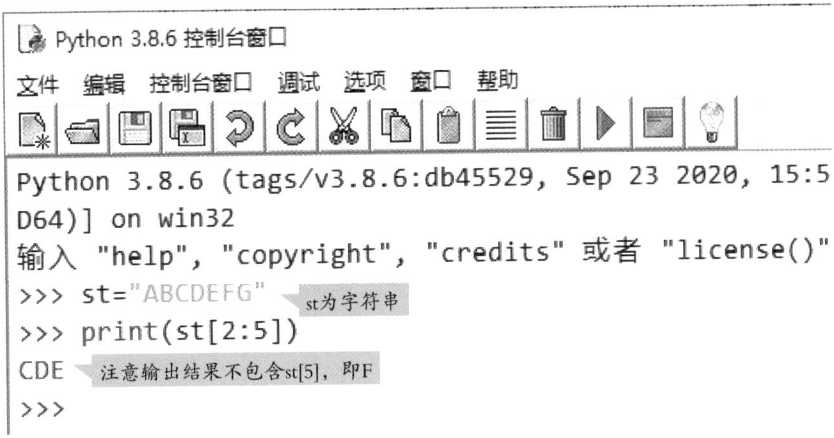

```
Python 3.8.6 控制台窗口
文件  编辑  控制台窗口  调试  选项  窗口  帮助
Python 3.8.6 (tags/v3.8.6:db45529, Sep 23 2020, 15:5
D64)] on win32
输入 "help", "copyright", "credits" 或者 "license()"
>>> st="ABCDEFG"          st为字符串
>>> print(st[2:5])
CDE   注意输出结果不包含st[5]，即F
>>>
```

◎ 图 4.2

若开始索引值省略，步长为正时，表示从字符串的“起点”开始取值；步长为负时，表示从字符串的“终点”开始取值。

例如，在控制台窗口中输入图 4.3 所示的两行代码，输出结果为“ABCDE”。

```
>>> st="ABCDEFG"
>>> print(st[:5])
ABCDE   注意输出结果不包括st[5]，即F
```

◎ 图 4.3

又如，在控制台窗口中输入图 4.4 所示的两行代码，输出结果为“GFED”。因为第三个参数即步长为 -1，所以从右向左取值，到正索引值 2 处停止。

```
>>> st="ABCDEFG"
>>> print(st[:2:-1])
GFED
```

◎ 图 4.4

同理，若结束索引值省略，步长为正时，表示取值到字符串的“终点”停止；步长为负时，表示取值到字符串的“起点”结束。

例如，在控制台窗口中输入图 4.5 所示的两行代码，输出结果为“CDEFG”。因为第三个参数即步长省略，所以从左向右取值，一直到字符串的“终点”处停止。

```
>>> st="ABCDEFG"
>>> print(st[2:])
CDEFG
```

◎ 图 4.5

又如，在控制台窗口中输入图 4.6 所示的两行代码，输出结果为“CBA”。因为第三个参数即步长为 –1，所以从正索引值 2 处开始，从右向左取值，一直到字符串的“起点”处停止。

```
>>> st="ABCDEFG"
>>> print(st[2::-1])
CBA
```

◎ 图 4.6

作为一个特别的技巧，反向输出字符串的代码如图 4.7 所示。

```
>>> st="ABCDEFG"
>>> print(st[::-1])
GFEDCBA
```

◎ 图 4.7

步长的绝对值大小决定了切取数据时的步长。例如，在控制台窗口中输入图 4.8 所示的两行代码，输出结果为“BDF”，即从正索引值 1 处开始，从左到右每次跳一个字符后输出。

```
>>> st="ABCDEFG"
>>> print(st[1:6:2])
BDF
```

◎ 图 4.8

理解了切片的概念后，下面我们制作一个通过按钮输入数值进行表达式计算的高级计算器。

界面设计

打开 Visual Python，单击窗体属性按钮，设置“窗体名称”为“高级计算器”。

选中标签控件，将其作为计算器的显示屏；选中按钮控件，用于绘制计算器的按钮，如图 4.9 所示。可以根据自己的喜好设置控件的背景色、前景色等属性。

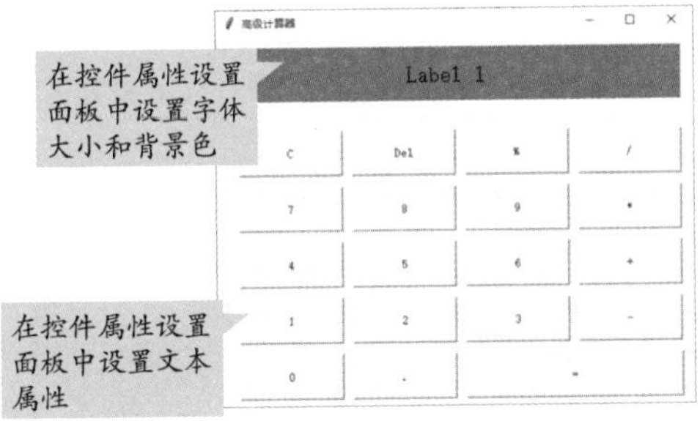

◎ 图 4.9

在控件属性设置面板中调整控件的宽度和高度，比用鼠标拖曳的方式调整控件大小更为精确。

为了防止鼠标误点将已定位的控件移位，可以单击“解锁状态”按钮切换到“锁定状态”，“锁定状态”下的鼠标无法拖曳控件，但仍可以通过键盘上的方向键移动控件的位置，用这种方式调整控件位置更方便。

计算器显示屏中显示的数字应该是左对齐的，所以需要调整标签（Label1）的“文字位置”，设置对齐方式为“w”，如图 4.10 所示。

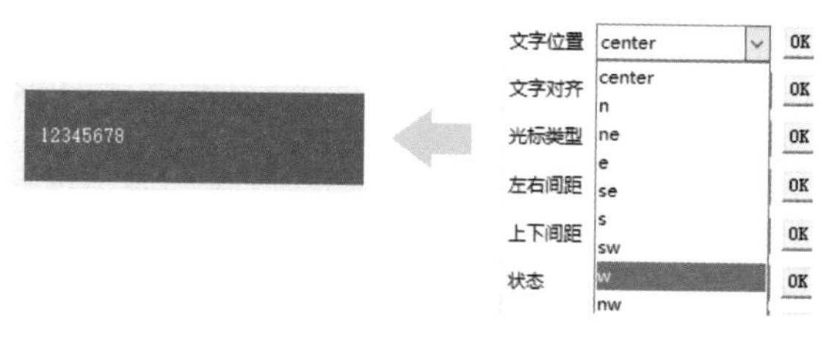

◎ 图 4.10

“文字位置”的对齐方式含义如图表 4.3 所示。

表 4.3 “文字位置”的对齐方式的代号和含义

代号	对齐方式
nw	左上
w	左
sw	左下
center	中
n	上
s	下
ne	右上
e	右
se	右下

初始状态下，计算器显示屏不显示任何内容，所以需要将标签 Label1 的“文本”属性设置为空，如图 4.11 所示。

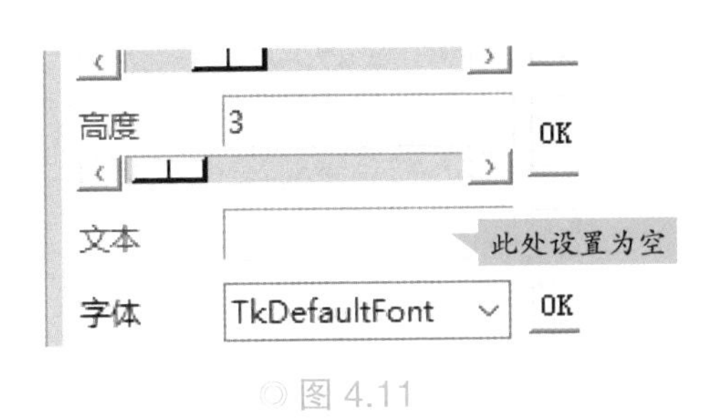

◎ 图 4.11

绘制的按钮会自动命名为“Button1”“Button2”“Button3”……这样命名容易在编程时发生混淆，所以为了后续编程的方便，修改“控件 ID 号”，相关信息如表 4.4 所示。

表 4.4　控制 ID 号及其用途

控件类型	控件 ID 号	控件用途
标签	Led	用于显示数字的显示屏
按钮	Bdot	显示“.”的按钮
	B0	显示“0”的按钮
	B1	显示“1”的按钮
	B2	显示“2”的按钮
	B3	显示“3”的按钮
	B4	显示“4”的按钮
	B5	显示“5”的按钮
	B6	显示“6”的按钮
	B7	显示“7”的按钮
	B8	显示“8”的按钮
	B9	显示“9”的按钮

续表

控件类型	控件 ID 号	控件用途
按钮	Add	显示“+”的按钮
	Sub	显示“-”的按钮
	Mul	显示“*”的按钮
	Div	显示“/”的按钮
	Mod	显示“%”的按钮
	C	清空显示屏内容的按钮
	Del	删除显示屏末尾的一个字符
	Equ	显示“=”的按钮

“控件 ID 号”修改完毕后，为所有的按钮添加“单击鼠标左键事件”，这样当单击高级计算器上的按钮时，会触发相应的操作。

单击按钮保存文件。下面我们将在 IDLE++ 中编写代码。

在单击按钮生成代码之前，建议先检查一下是否所有的按钮均已添加了“单击鼠标左键事件”。否则在编写代码过程中忽然发现某个按钮没有添加事件代码，是一件很麻烦的事。

要实现的代码的逻辑关系如图 4.12 所示。

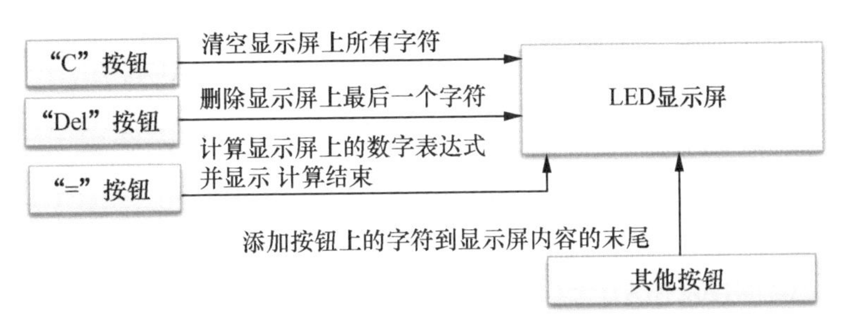

图 4.12

修改 C_Mouse_Press_1(event) 函数的代码，如下所示。该函数表示当单击"C"按钮事件发生时，要清空计算器显示屏上的内容。可以看到，代码通过 config() 设置显示屏的内容为空（实际上还包含一个空格）。

```
def C_Mouse_Press_1(event):
    Led.config(text=' ')
```

此处有一空格，如果没有任何字符，运行程序会报错

修改 Del_Mouse_Press_1(event) 函数的代码，如下所示。该函数表示当单击"Del"按钮事件发生时，删除计算器显示屏上的最后一个字符。可以看到，代码首先对显示屏中显示的文本（即 Led["text"]）进行切片操作（删除显示屏上的最后一个字符），再通过 config() 将获得的新字符串更新显示到显示屏上。

```
def Del_Mouse_Press_1(event):
    Led.config(text=Led["text"[:-1]])
```

修改 Equ_Mouse_Press_1(event) 函数的代码，如下所示。该函数表示当单击"="按钮事件发生时，计算出计算器显示屏上显示的数学表达式的结果。该代码首先通过 eval() 计算出括号内数学表达式的值（即 Led["text"]），再通过 str() 将计算结果转换为字符串，通过连接符"+"

将数学表达式、等号和计算结果连接成一个完整的字符串，并将其更新显示到计算器显示屏上。

计算结果要转换为字符串格式

```
def Equ_Mouse_Press_1(event):
    Led.config(text=Led["text"]+'='+str(eval(Led["text"])))
```

除了以上几个特殊按钮事件函数，剩余按钮的事件函数很简单。例如，“文本”为“%”的按钮事件代码如下所示。可以看出，当单击“文本”为“%”的按钮后，计算器显示屏中显示的文本末尾将添加一个字符“%”。

```
def Mod_Mouse_Press_1(event):
    Led.config(text=Led["text"]+'%')
```

又如“文本”为“1”的按钮事件代码，如下所示。可以看出，当单击“文本”为“1”的按钮后，计算器显示屏中显示的文本末尾将添加一个字符“1”。

```
def B1_Mouse_Press_1(event):
    Led.config(text=Led["text"]+'1')
```

试完成剩余所有按钮事件的代码，使高级计算器能够正常运行。

动手实践

Python 提供了计算绝对值的函数 abs()，例如 abs(−100) 的值为 100。

下面将求绝对值的操作加入高级计算器中（为了简单起见，无须新添按钮，可以考虑将求余数的按钮改为求绝对值的按钮）。

首先将求余数按钮的“文本”由“%”替换为“abs”，该操作需要在程序运行时初始化完毕，所以相关代码应写在 Init() 函数体中。

```
def Init():
    Mod.config(text='abs')
```

下面思考如何修改“abs”按钮的事件函数代码，使之能实现当单击它时，计算器显示屏上正确显示求绝对值的数学表达式。例如，显示屏显示的初始数学表达式为“1+2*3”，单击“abs”按钮后，更新显示屏的数学表达式为“abs(1+2*3)”，如图 4.13 所示。

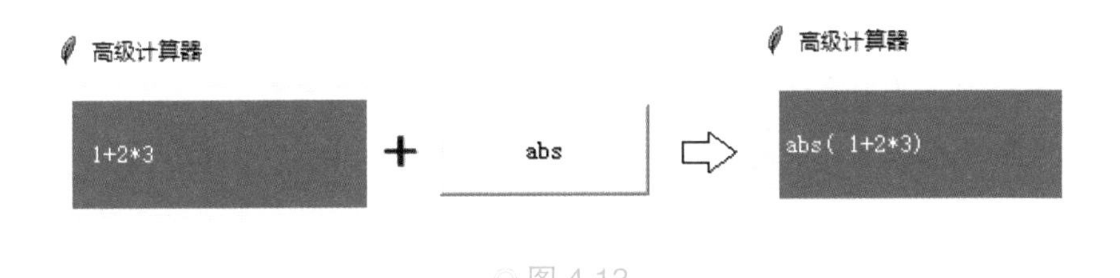

◎ 图 4.13

请根据以上分析，完成该程序。

扩展任务

当 st="ABCDEFG" 时，试求出以下代码的输出结果，并在 IDLE++ 的控制台窗口（Shell）验证。

（1）print(st[–6:–1])。

（2）print(st[–1:–5:–1])。

（3）print(st[–5:])。

（4）print(st[:–5])。

练习 Python 提供了很多与数值运算相关的函数，如下所示。

round(): 将括号内的数值进行“五舍六入”（注意不是“四舍五入”），例如 round(4.5) 的值为 4。

bin()：将括号内的数值转换为二进制数，例如 bin(5) 的值为 0b101；Python 规定以 0b 开头的数字是二进制的整数。

oct()：将括号内的数值转换为八进制数，例如 oct(47) 的值为 0o57；Python 规定以 0o 开头的数字是八进制的整数。

hex()：将括号内的数值转换为十六进制数，例如 hex(93) 的值为 0x5d；Python 规定以 0x 开头的数字是十六进制的整数。

math.sqrt()：求括号内数值的平方根，例如 math.sqrt(100) 的值为 10.0；在此函数使用前要导入 math 模块，相应代码为 import math。

试考虑重新设置高级计算器的界面，添加新的按钮，设计出功能更加强大的计算器。

是非对错
分得清

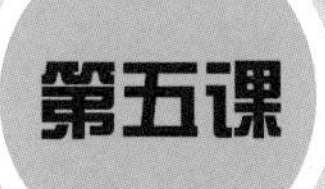

第五课 灵魂画手

学习目标

本课我们将制作一个如图 5.1 所示的绘图板，它可以通过鼠标拖动的方式绘制图画。

◎ 图 5.1

我们将学到的主要知识点如下。

（1）关系表达式及关系运算符的应用。

（2）选择结构的 3 种形式。

准备知识

生活中经常需要做选择，例如选文理科时，若文科优势大，则选文科，若理科优势大，则选理科；比较 a 和 b 两个数的大小，若 $a < b$，

则输出 *a* 的值。在编程语言中，这种通过判断某些特定条件是否满足来决定下一步执行流程的操作被称为选择结构。

以两个数比较大小为例，Python 对两个数比较大小要用到关系表达式和比较（关系）运算符。Python 中常用的 6 种比较运算符及其含义如表 5.1 所示。

表 5.1 Python 中常用的比较运算符及其含义

比较运算符	含义
<	小于
<=	小于等于
>	大于
>=	大于等于
==	等于
!=	不等于

在 Python 中，两个等号“==”用于判断其左右两端表达式的值是否相等，返回的是逻辑值“真”或“假”，也就是“True”或“False”。

例如，关系表达式“3==4”的值为假（以 False 或 0 表示），“4>=0”的值为真（以 True 或 1 表示）。

在 Python 中，这种只有 True 和 False 两个值的数据类型称为布尔型（bool）。

执行如下代码。

```
print("187是否大于100:", 187>100)
print("86.5是否等于86.5:", 86.5 == 86.5)
print("34是否小于等于34.0:", 34 <= 34.0)
print("20*5是否大于等于76:", 20*5 >= 76)
print("False是否小于True:", False < True)
print("True是否等于True:", True == True)
```

输出结果如图 5.2 所示。

```
187是否大于100： True
86.5是否等于86.5： True
34是否小于等于34.0： True
20*5是否大于等于76： True
False是否小于True： True
True是否等于True： True
>>>
```

◎ 图 5.2

Python 提供了 3 种形式的 if 语句来实现选择结构。

（1）单分支语句的形式，如图 5.3 所示。其流程图如图 5.4 所示。

```
if 表达式:
    语句
```

◎ 图 5.3

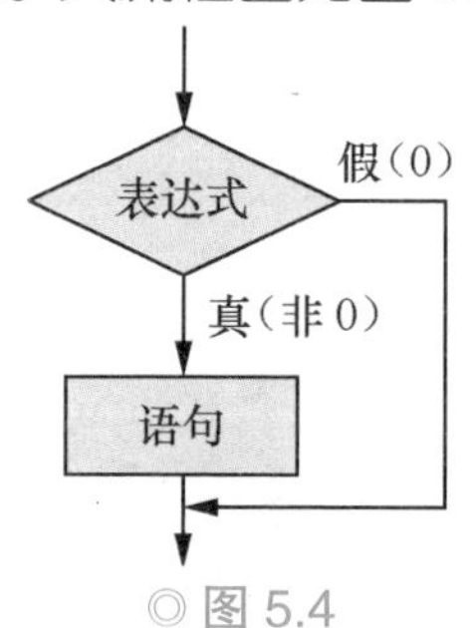

◎ 图 5.4

将现实生活中的事例用伪代码描述，如下所示。

if 天气好：

    我就去图书馆

例如，顺序输入两个数 a 和 b 的值，如果 a 值大于 b 值，则交换 a 和 b 的值后输出 a、b 的值，写成 Python 代码如下所示。

```
a=input("输入a的值:")
b=input("输入b的值")
if int(a)>int(b):
    a,b = b,a
print(a,b)
```

执行代码，从键盘输入 a 和 b 的值，运行结果如图 5.5 所示。

```
输入a的值:5
输入b的值:4
4 5
>>>
```

◎ 图 5.5

（2）双分支语句的形式，如图 5.6 所示。

```
if  表达式:
    语句 1
else:
    语句 2
```

◎ 图 5.6

其流程图如图 5.7 所示。

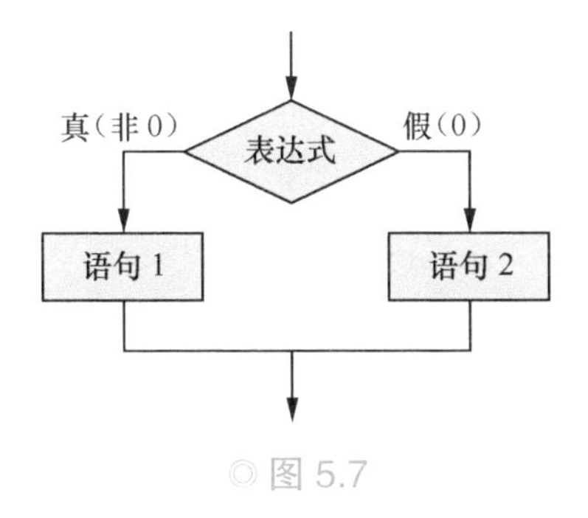

◎ 图 5.7

将现实生活中的事例用伪代码描述，如下所示。

if 天气好：

　　我就去图书馆

else：

　　我就待在家看书

例如，从键盘上输入一个整数，如果该数是偶数则输出“偶数”，如果该数是奇数则输出“奇数”。写成 Python 代码如下。

```
x=input("请输入一个整值:")
if int(x)%2==0:
    print("偶数")
else:
    print("奇数")
```

执行代码，从键盘输入变量 x 的值，运行结果如图 5.8 所示。

```
请输入一个整数:15
奇数
>>>
```

◎ 图 5.8

（3）多分支语句的形式，如图 5.9 所示。

```
if  表达式 1:
    语句 1
elif  表达式 2:
    语句 2
elif  表达式 3:
    语句 3
      ……
elif  表达式 m:
    语句 m
else:
    语句 n
```

◎ 图 5.9

其流程图如图 5.10 所示。

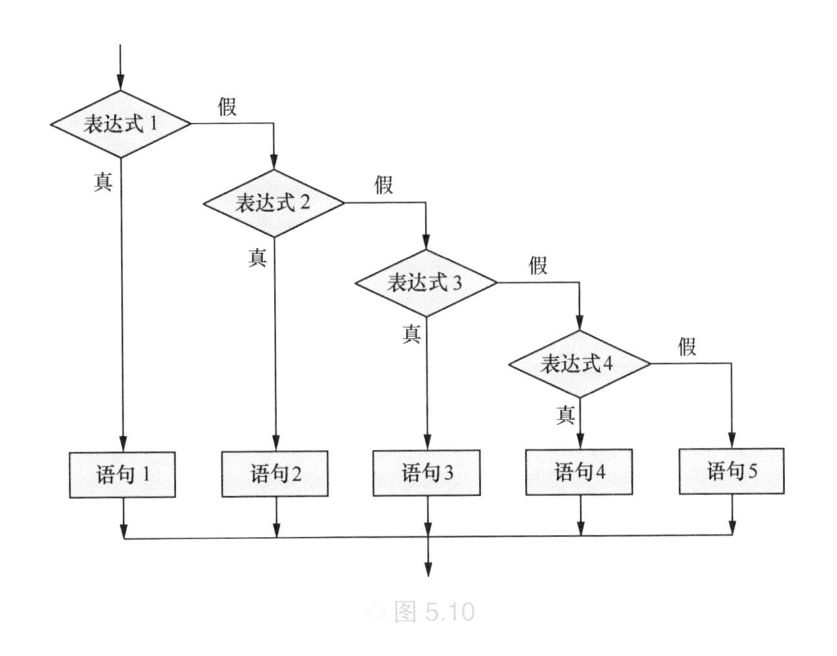

图 5.10

将现实生活中的事例用伪代码描述如下。

```
if 我考了 600 分以上:
    我可以获得特等奖学金
elif 我考了 580 分以上:
    我可以获得一等奖学金
elif 我考了 550 分以上:
    我可以获得二等奖学金
elif 我考了 500 分以上:
    我可以获得三等奖学金
elif 我考了 450 分以上:
    我可以获得鼓励奖学金
else:
    人生豪迈，不过是从头再来，再试一年吧
```

显然，在这个例子中，最终有且只能有一个选择。此外，选择判断的先后逻辑顺序不能颠倒，如果写成下面这样，那就糟糕了。

if 我考了 450 分以上：
  我可以获得鼓励奖学金
elif 我考了 500 分以上：
  我可以获得三等奖学金
elif 我考了 550 分以上：
  我可以获得二等奖学金
elif 我考了 580 分以上：
  我可以获得二等奖学金
elif 我考了 600 分以上：
  我可以获得特等奖学金
else：
  人生豪迈，不过是从头再来，再试一年吧

若考700分，满足列举的所有条件，猜猜看最终选择的是哪一个？

例如，利用计算机对学生的成绩进行分级，划分标准为：小于 60 分为“补考”；60~70（不含 70）分为“及格”；70~80（不含 80）分为“中”；80~90（不含 90）分为“良”；90~100 分为“优”。写成 Python 代码如下。

```
score=int(input("请输入你的成绩:"))
if score<60:
    print("补考")
elif score<70:
    print("及格")
elif score<80:
    print("中")
elif score<90:
    print("良")
else:
    print("优")
```

掌握了比较运算符和选择结构语句的使用，下面我们制作一个名为“灵魂画手”的绘图板。

界面设计

打开 Visual Python，单击窗体属性按钮，设置“窗体名称”为“灵魂画手”。

选中画布控件、单选钮控件和多选钮控件，在窗体设计区绘制界面，并将 3 个单选钮的“文本”分别设置为“红色”“绿色”“蓝色”，多选钮的“文本”设置为“加粗”，如图 5.11 所示。

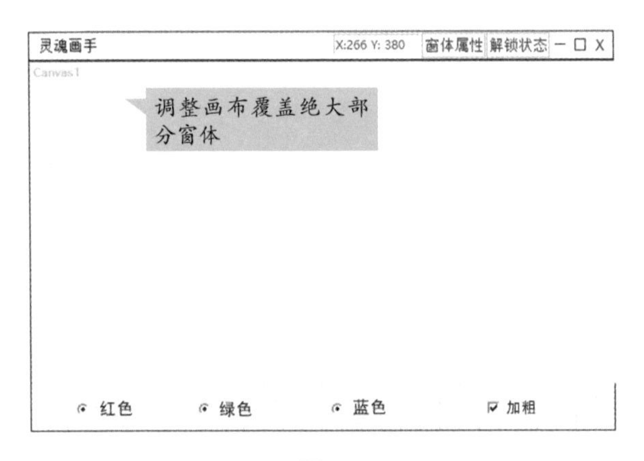

◎ 图 5.11

为了后续编程的方便，修改“控件 ID 号”，控件相关信息如表 5.2 所示。

表 5.2　控制 ID 号及其用途

控件类型	控件 ID 号	控件用途
单选钮	Red	选择画笔为红色
	Green	选择画笔为绿色
	Blue	选择画笔为蓝色
多选钮	Bold	设置画笔加粗

Visual Python 默认单选钮控件的“单选钮组”属性的值为 0，如图 5.12 所示。因为程序中的 3 个单选钮控件是同一组别的，即每次只能从 3 种颜色中选择一种颜色，所以无须更改它们的组别。

◎ 图 5.12

“控件 ID 号”修改完毕后，选中画布控件，为其添加“鼠标左键拖动事件”。这样当鼠标指针在画布上拖动时，就能绘出彩色的线条。

单击 生成代码并调用编辑器 按钮保存文件。我们将在 IDLE++ 中编写代码。

代码编写

要实现的代码的逻辑关系如图 5.13 所示。

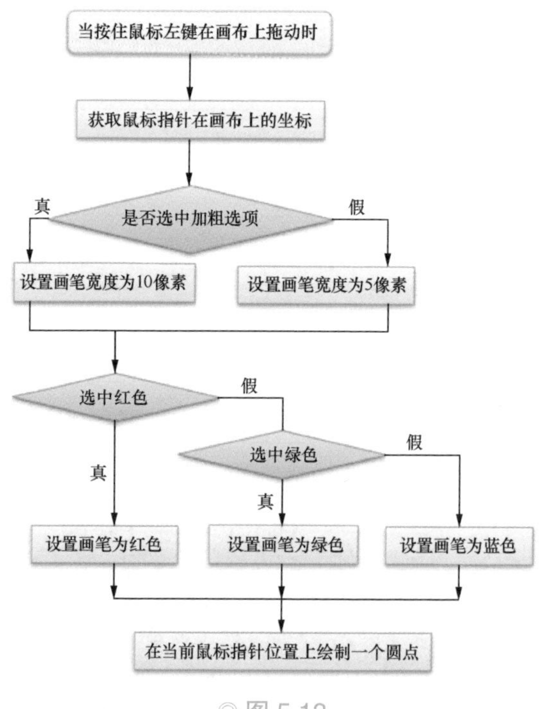

◎ 图 5.13

修改画布的“鼠标左键拖动事件”的代码，如下所示。

```
def Canvas1_Mouse_Press_Left_Move(event): # Canvas1的鼠标左键拖动事件函数
    x=event.x                              # 获取鼠标指针的x 坐标值给变量x
    y=event.y                              # 获取鼠标指针的y 坐标值给变量y
    if Bold_Var.get()==1:                  # 如果选择了加粗选项
        width=10                           # 设置画笔宽度
    else:
        width=5

    if Radiobutton_Var0.get() =='红色':    # 如果选中“红色”单选钮
        color="red"
    elif  Radiobutton_Var0.get() =='绿色':# 如果选中“绿色”单选钮
        color="green"
    else:
        color="blue"

    Canvas1.create_oval(x,y,x+width,y+width,fill=color,outline=color) #绘制一个圆点
```

代码中的 Bold_Var 用于判断多选钮“Bold”是否被选中，该变量由 Visual Python 自动生成，获取 Bold_Var 的值用 Bold_Var.get() 实现。

同理，Radiobutton_Var0 用于判断单选钮组中的哪个单选钮被选中，该变量由 Visual Python 自动生成，获取其值的方法为 Radiobutton_Var0.get()。实际上，预处理导入区的代码中已经描述了这两个变量的使用方法。

```
【引入的控件变量】
访问控件变量的方法是：x=控件变量名.get()
Radiobutton_Var0, Bold_Var,
```

执行代码，用鼠标在画布上绘制漂亮的图形吧。

Python 中几种常见的颜色及代码标识如图 5.14 所示。

◎ 图 5.14

试重新设计绘图板的界面，添加更多的单选钮，以便有更多的画笔颜色供选择。

扩展任务

如果将画布的背景色设置为紫色，代码可以这样写：Canvas1.config(bg="purple")。

试再添加一组单选钮，用于设置画布的背景色，并编程实现该功能。

练习 1 BMI（身体质量指数）是衡量人体肥胖和健康程度的重要标准，其计算方法是体重除以身高的平方。例如，某人体重为 72 千克，身高为 1.75 米，则 BMI 为 $72 \div 1.75^2 = 23.5$。

标准体重的人的 BMI 应该是 18.5~24，超过 24 是过重，超过 26 是轻度肥胖，超过 28 是中度肥胖，超过 39 是重度肥胖。

试用 Visual Python 设计一个 BMI 计算器，界面设计参考图 5.15。

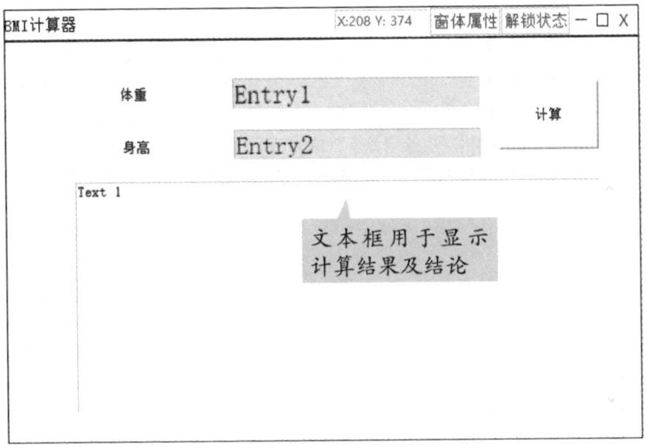

图 5.15

练习 2 空气质量指数（AQI）将空气质量状况分组表示，如表 5.3 所示。试通过编程实现输入空气质量指数的值，输出建议采取的措施。

表 5.3　空气质量指数反应表

空气质量指数	空气质量指数级别	空气质量指数类别及表示颜色		对健康影响情况	建议采取的措施
0~50	一级	优	绿色	空气质量令人满意，基本无空气污染	各类人群可正常活动
51~100	二级	良	黄色	空气质量可接受，但某些污染物可能对极少数异常敏感人群健康有微弱影响	极少数异常敏感人群应减少户外活动
101~150	三级	轻度污染	橙色	易感人群症状有轻度加剧，健康人群出现刺激症状	儿童、老年人及心脏病患者应减少长时间、高强度的户外锻炼

续表

空气质量指数	空气质量指数级别	空气质量指数类别及表示颜色		对健康影响情况	建议采取的措施
151~200	四级	中度污染	红色	易感人群症状进一步加剧，可能对健康人群心脏、呼吸系统有影响	疾病患者避免长时间、高强度的户外锻炼，一般人群减少户外运动
201~300	五级	重度污染	紫色	心脏病和肺病患者症状显著加剧，运动耐受力降低，健康人群普遍出现症状	儿童、老年人和心脏病、肺病患者应留在室内，停止户外运动，一般人群减少户外运动
>300	六级	严重污染	红褐色	健康人群运动耐受力降低，有明显强烈症状，提前出现某些疾病	儿童、老年人和病人应当留在室内，避免体力消耗，一般人群应避免户外活动

第六课　动物世界

学习目标

本课我们将制作一个如图 6.1 所示的简易图片浏览器。

图 6.1

我们将学到的主要知识点如下。

（1）图片及图片库的使用。

（2）用于设置控件位置的 place() 函数的使用。

（3）多分支语句的使用。

准备知识

人与计算机之间的早期沟通是文字形式的沟通，例如早期的 DOS

操作系统、Windows 操作系统的“命令提示符”窗口等，如图 6.2 所示。这种沟通方式对用户不够友好，学习成本高。

```
C:\Documents and Settings>cd..

C:\>dir
 驱动器 C 中的卷没有标签。
 卷的序列号是 0005-4560

 C:\ 的目录

2013-02-20  22:48                 0 AUTOEXEC.BAT
2013-02-20  22:48                 0 CONFIG.SYS
2013-04-22  08:30    <DIR>          DBDownload
2013-03-03  08:41    <DIR>          Documents and Settings
2013-07-07  15:32            54,341 double.rar
2013-03-12  18:56    <DIR>          Intel
2013-02-21  09:34    <DIR>          NVIDIA
2013-09-10  03:04    <DIR>          Program Files
2013-08-20  08:21                 0 SILENT
2011-01-26  03:40         8,269,053 stage02.pak
2013-04-16  10:47                 0 Tc.txt
2013-07-05  09:13    <DIR>          Temp
2013-09-10  08:26    <DIR>          WINDOWS
               6 个文件      8,323,394 字节
               7 个目录 41,508,405,248 可用字节

C:\>
```

◎ 图 6.2

早期程序员在“简陋”的代码编辑器里写代码，仅仅为了实现一个简单的界面，他们就需要写很多行的代码，进行很多次的调试，如图 6.3 所示。

```
C:\FPC\2.4.0\bin\i386-win32\fp.exe
 File  Edit  Search  Run  Compile  Debug  Tools  Options  Window  Help
 [■]                     fourcolors.pas                          1-[↕]
program sswt;
type tu=record
   l:array[1..10] of integer;
   data:integer;
   m:integer;
end;
var s:array[1..10] of tu;
   n:integer;
   t:boolean;
procedure dr(var s:tu);
   var i,a,b:integer;
   begin
     readln(n);
     for i:=1 to n do
     begin
       s[i].m:=0;
       s[i].data:=0;
     end;
      16:9
                         Compiler Messages                          2
 fourcolors.pas(16,9) Error: Illegal qualifier
 fourcolors.pas(16,11) Fatal: Syntax error, ";" expected but "." found
 F1 Help  F2 Save  F3 Open  Alt+F9 Compile  F9 Make  Alt+F10 Local menu
```

◎ 图 6.3

程序运行的界面一般是这样的，如图 6.4 所示。

```
"D:\soft\VC++命令提示符程序模拟的手机通信录_4897\www.NewXing.com\Debug\模拟手机...

                    模拟手机通讯录功能

        >>>>>>>>>>>>>>手机电话本和来电显示功能<<<<<<<<<<<<<<
        ****************** 请选择功能 ******************

        1.添加保存联系人信息            2.查找联系人信息
        3.显示所有联系人信息            4.修改电话号码
        5.呼入电话号码                  6.拨出电话号码
        7.显示最近十次通话记录          8.删除所有通话记录

        ****************** 0.退出系统 ******************
请输入数字选择对应的功能:
```

◎ 图 6.4

1991 年，微软公司开发了一个叫 Thunder 的可视化编程产品，所有的开发者都惊呆了，它竟然可以用鼠标“画”出需要的用户界面，然后用 Basic 语言编写业务逻辑代码，就可以生成一个完整的 Windows 应用程序。这种全新的“Visual”开发就像雷电（Thunder）一样，给 Windows 开发人员开辟了新的天地。这个产品最后更名为“Visual Basic”，其最受欢迎的 6.0 版本的界面如图 6.5 所示。

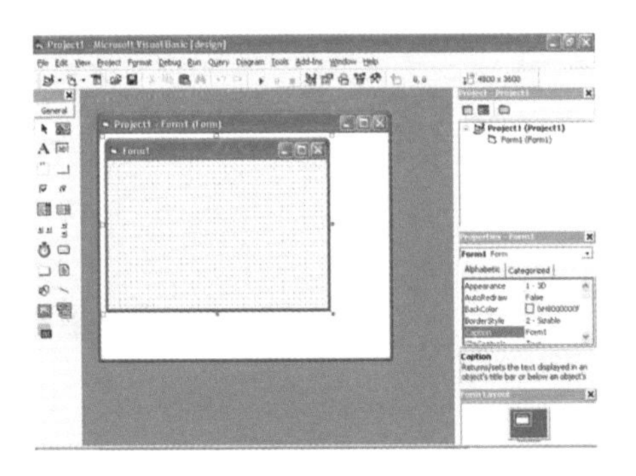

◎ 图 6.5

受 Visual Basic 设计思路的启发，Visual Python 使用 Python 内置的 tkinter 模块实现了可视化编程。tkinter 模块是一个开放源码的图形

接口开发工具，它提供了许多图形接口，例如标签、菜单、按钮等，它们能够完成绝大多数的图形界面设计和交互操作编程，非常适合初学者学习和使用。

下面我们将利用 tkinter 模块中的建立图像对象功能，在标签上显示图片，实现一个类似图片浏览器的小程序。

打开 Visual Python，单击窗体属性按钮，设置“窗体名称”为“动物世界”。

选中标签控件、单选钮控件和按钮控件，设计界面如图 6.6 所示。因为标签 Label1 是用来显示图片的，所以其宽度和高度应调整到足够大。

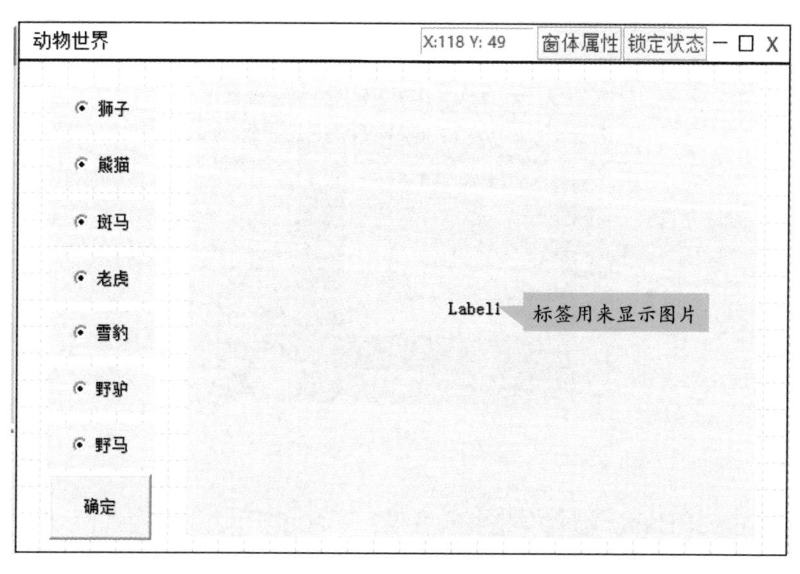

◎ 图 6.6

将事先收集的图片统一放在一个文件夹里，并且和将要保存的 Python 代码放在同一文件夹下。注意图片应该为 .png 或 .gif 格式，如图 6.7 所示。

图 6.7

Python 支持 .png 和 .gif 格式的图片文件，若要支持网络上常见的 .jpg 格式图片文件，需要先下载 PIL 的 Image 和 ImageTk 模块。Visual Python 已默认安装了 PIL 的 Image 和 Image 模块，但图片库目前仅只能使用 .png 和 .gif 格式的图片文件。

从网上下载的 .jpg 格式的图片可以通过 Windows 附件中的画图软件进行格式转换。

图片可以应用在很多控件上，例如标签、按钮、文本框等。

单击控件箱的 ~图片库 按钮添加图片。程序中要使用的所有图片只需简单地在 Visual Python 中用鼠标操作进行添加即可，Visual Python 会自动生成相应的代码调用图片，如图 6.8 所示。

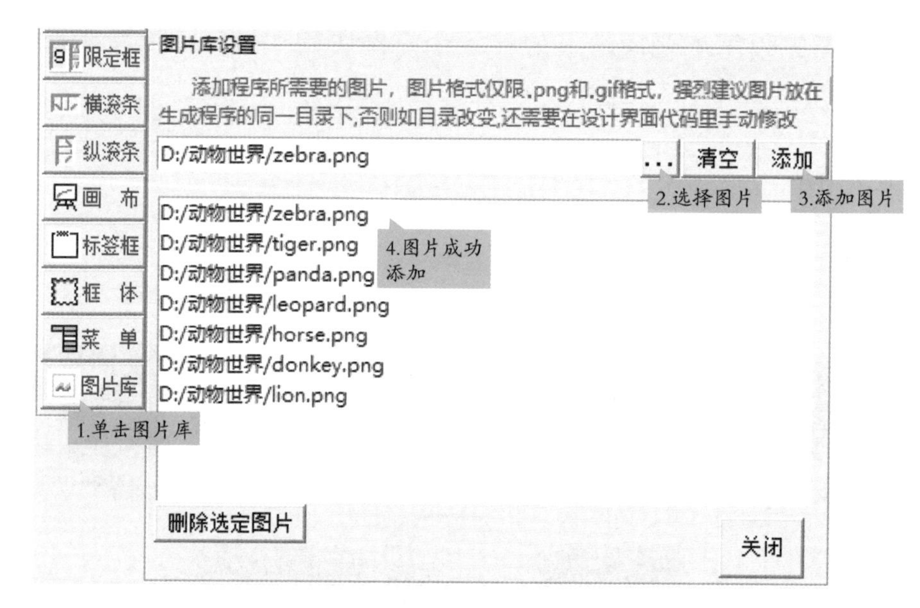

◎ 图 6.8

为"确定"按钮添加"单击鼠标左键"事件。

单击按钮保存文件。我们将在 IDLE++ 中编写代码。

代码编写

在自动生成的代码中，添加的图片已经被转换成图片对象，之后的代码直接调用图片对象即可。

```
1 '''
2 【文档及代码说明】
3 此文件由Visual Python 创建于2021-12-22 22:09:50.454739,您的代码请在此
4 同目录下的GUI_example.pyw为自动生成的界面设计和支持代码,一般情况下无需
5 【引入的图片对象】
6 zebra_png, tiger_png, panda_png, lion_png, leopard_png, horse_png,
7 donkey_png,
8 【引入的控件名称】
```

图片对象

要实现的代码的逻辑关系如图 6.9 所示。

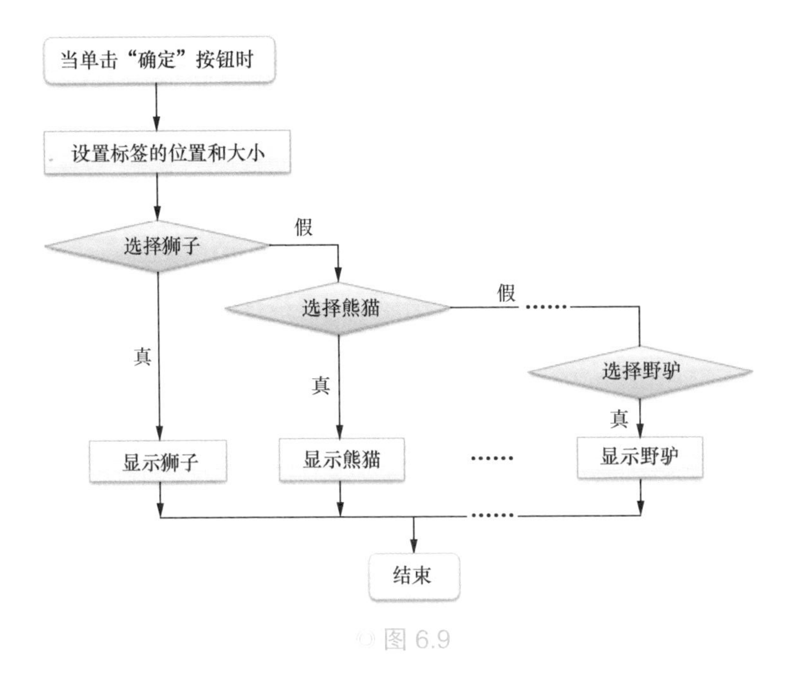

图 6.9

Button1_Mouse_Press_1(event) 为“确定”按钮的“单击鼠标左键”事件函数，修改其代码如下。

```
def Button1_Mouse_Press_1(event):                # Button1的鼠标左键按下事件函数
    Label1.place(x=150,y=30)                     # 设置标签的坐标和大小
    Label1.config(height=300,width=400)
    if Radiobutton_Var0.get()=="狮子":
        Label1.config(image=lion_png)
    elif Radiobutton_Var0.get()=="熊猫":
        Label1.config(image=panda_png)
    elif Radiobutton_Var0.get()=="斑马":
        Label1.config(image=zebra_png)
    elif Radiobutton_Var0.get()=="老虎":
        Label1.config(image=tiger_png)
    elif Radiobutton_Var0.get()=="雪豹":
        Label1.config(image=leopard_png)
    elif Radiobutton_Var0.get()=="野马":
        Label1.config(image=horse_png)
    elif Radiobutton_Var0.get()=="野驴":
        Label1.config(image=donkey_png)
```

在代码中，Label1.place(x=150,y=30) 用于定位标签 Label1 的坐

标为 (150,30)，place() 适用于所有控件的定位。

因为在调用图片时，控件的高度和宽度可能会进行重新调整，导致无法完整显示新图片的情况出现，所以 Label1.config(height=300, width=400) 用于重新设置标签 Label1 的高度和宽度。

Radiobutton_Var0 用于判断该组单选钮的选择情况，获取其值的方法为 RadioButton_Var0.get()，若获取的值与单选钮的标签值相匹配，则通过 config() 修改 Label1 的“image”属性以显示相应的图片对象。

运行程序，观察程序运行的结果。

动手实践

在程序初始运行时，界面上并没有图片显示。试考虑如何修改代码，使程序在初始运行时默认显示第一张图片。

扩展任务

考虑如何使用快捷键更换显示的图片。例如，按下键盘上的数字 1，显示狮子图片；按下键盘上的数字 2，显示熊猫图片……要实现此功能，将窗体控件与键盘事件绑定即可。在 Visual Python 中单击窗体属性按钮，勾选“按下任意按键事件”复选框，如图 6.10 所示。

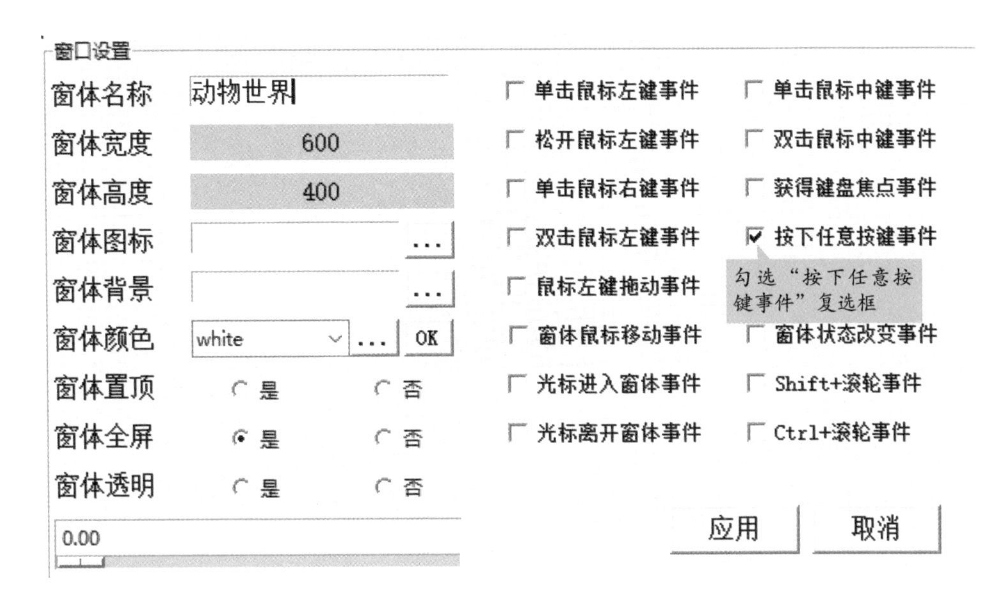

◎图 6.10

单击 生成代码并调用编辑器 按钮重新生成代码，代码中的 Win_Press_Key(event) 即为窗体“按下任意按键事件”的函数，修改函数体内的代码，如下所示。

```
def Win_Press_Key(event):                      # 窗体键盘按下事件
    Label1.place(x=150,y=30)
    Label1.config(height=300,width=400)
    if event.char=='1':
        Label1.config(image=lion_png)
    elif event.char=='2':
        Label1.config(image=panda_png)
    elif event.char=='3':
        Label1.config(image=zebra_png)
    elif event.char=='4':
        Label1.config(image=tiger_png)
    elif event.char=='5':
        Label1.config(image=leopard_png)
    elif event.char=='6':
        Label1.config(image=horse_png)
    elif event.char=='7':
        Label1.config(image=donkey_png)
```

当程序运行时，如果按下键盘上的某个键，则 event.char 会获取这个键的值，如果这个值与预设的数字相匹配，则执行相应的操作。

练习 1 广东机动车车牌字母归属地如表 6.1 所示。试编程实现输入广东机动车车牌字母，判断机动车的归属地。

表 6.1 广东机动车车牌字母归属地

车牌字母	归属地	车牌字母	归属地	车牌字母	归属地	车牌字母	归属地	车牌字母	归属地
粤 A	广州	粤 B	深圳	粤 C	珠海	粤 D	汕头	粤 E	佛山
粤 F	韶关	粤 G	湛江	粤 H	肇庆	粤 J	江门	粤 K	茂名
粤 L	惠州	粤 M	梅州	粤 N	汕尾	粤 O	政府机关	粤 P	河源
粤 Q	阳江	粤 R	清远	粤 S	东莞	粤 T	中山	粤 U	潮州
粤 V	揭阳	粤 W	云浮	粤 X	顺德	粤 Y	南海	粤 Z	港澳双牌

练习 2 若输入完整的机动车车牌号，则需要从中提取出首字母，试想该如何进一步完善程序。

第七课 机密文件

本课我们将制作一个如图 7.1 所示的登录界面，如果用户输入的密码正确，则显示一张“机密”图片。

◎ 图 7.1

我们将学到的主要知识点如下。

（1）条件语句的嵌套。

（2）局部变量与全局变量的概念。

（3）消息框的 msg.showinfo() 的使用方法。

准备知识

3 种形式的条件语句，即单分支语句、双分支语句和多分支语句，相互之间是可以嵌套的。

例如，在基础的 if 语句中嵌套 if-else 语句，形式如下。

```
if 表达式 1:
    if 表达式 2 :
        代码块 1
    else:
        代码块 2
```

将生活中类似的例子用伪代码描述如下。

```
if(题目不会做):
    if(有老师在):
        我就请教老师
    else:
        我就请教同学
```

在 if-else 语句中嵌套 if-else 语句，形式如下。

```
if 表达式 1:
    if 表达式 2 :
        代码块 1:
    else:
        代码块 2
else:
    if 表达式 3:
        代码块 3:
    else:
        代码块 4
```

可以看到，if-else 语句相互嵌套时，代码严格遵守不同级别代码块的缩进规范。

将生活中类似的例子用伪代码描述如下。

```
if(天气好):
    if(是周末):
        我就出去逛街
    else:
        我就去操场打篮球
else:
    if(是周末):
        我就在家看电视
    else:
        我就在家学习
```

我们以实例来说明。车辆驾驶员的血液酒精含量小于 20 毫克 /100 毫升不构成酒驾行为；血液酒精含量大于等于 20 毫克 /100 毫升且小于 80 毫克 /100 毫升为酒驾；血液酒精含量大于等于 80 毫克 /100 毫升为醉驾。输入驾驶员每 100 毫升血液酒精的含量，试判断车辆驾驶员是否为酒后驾车。

根据判断条件，可绘制流程图，如图 7.2 所示。

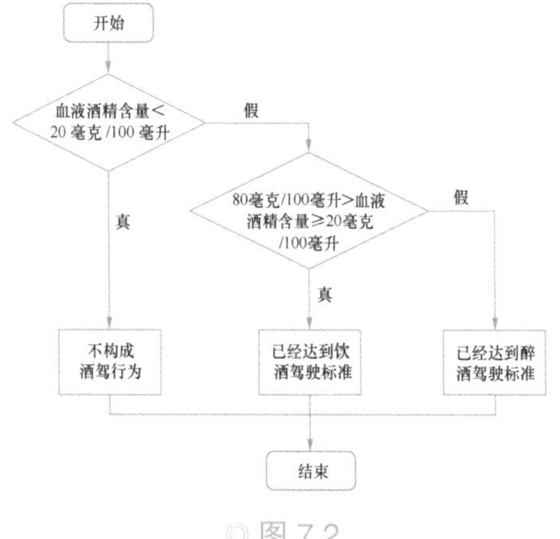

◎ 图 7.2

参考代码如下。

```
proof = int(input("输入驾驶员每 100毫升 血液酒精的含量: "))
if proof < 20:
    print("驾驶员不构成酒驾")
else:   隐含了proof≥20的条件
    if proof < 80:
        print("驾驶员已构成酒驾")
    else:
        print("驾驶员已构成醉驾")
```

运行结果如图 7.3 所示。

```
输入驾驶员每 100 毫升血液酒精的含量：15
驾驶员不构成酒驾
>>>
```

◎ 图 7.3

掌握了条件语句的嵌套，下面我们完成“机密文件”这个程序。该程序允许输入 3 次密码，若密码输入正确，界面上将显示一张图片；若输入 3 次后，密码仍错误，程序将被锁定。

打开 Visual Python，单击 窗体属性 按钮，设置“窗体名称”为“机密文件”。

选中 标 签 控件、输入框 控件、按 钮 控件和 画 布 控件，在窗体中绘制界面，如图 7.4 所示。将标签的“文本”属性改为“输入密码”，按钮的“文本”属性改为“确定”，按钮的“控件 ID 号”改为“OK”。

因为程序中需要显示一张图片，所以应事先准备一张图片放在准备生成 Python 代码的同一文件夹下，并且将其加入图片库，如图 7.5 所示。

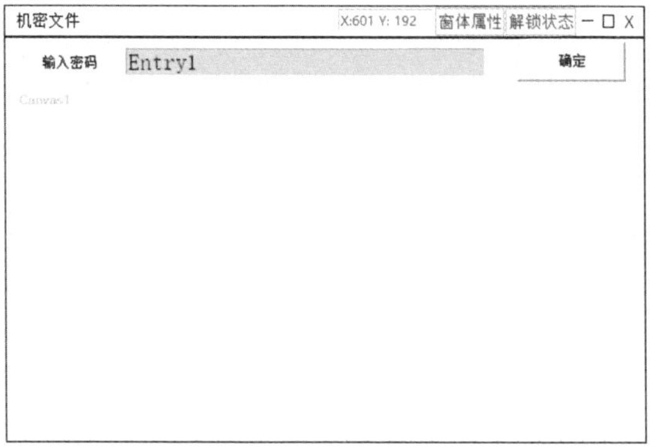

◎ 图 7.4

考虑到程序的可扩展性，建议多添加几张图片到图片库。

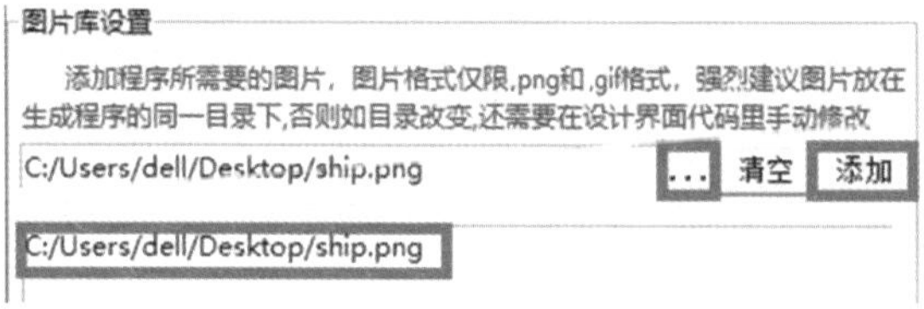

◎ 图 7.5

单击按钮控件，为其添加“单击鼠标左键事件”。

单击  生成代码并调用编辑器 按钮保存文件。下面我们将在 IDLE++ 中编写代码。

代码编写

在自动生成代码的预处理导入区中，可以发现图片库中的图片“ship.png”，已经以图片对象“ship_png”的形式存在。在后面的代码中，直接调用图片对象“ship_png”即可。注意，原始图片的存放位置一旦确定就不要再改变，否则程序在运行时会找不到图片。

要实现的代码的逻辑关系如图 7.6 所示。

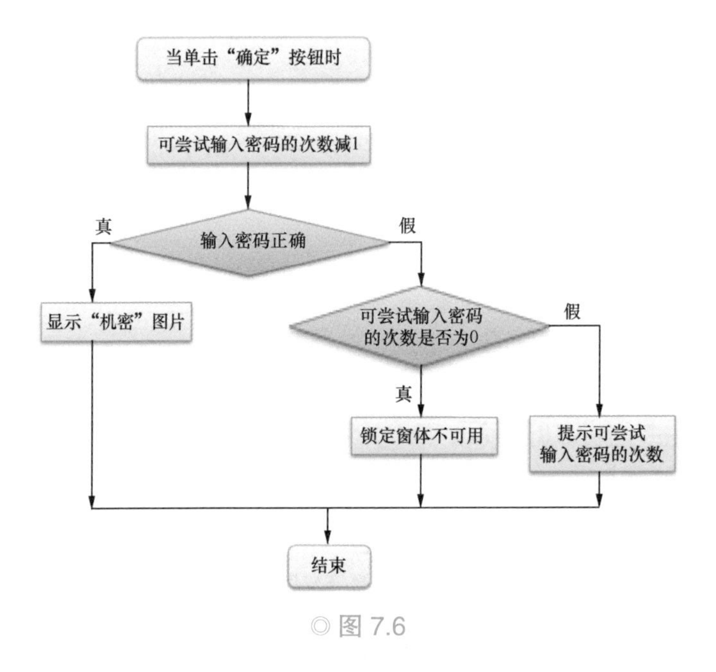

◎ 图 7.6

完成的代码如下。

```
num=3          #定义全局变量
def OK_Mouse_Press_1(event):                # OK的鼠标左键按下事件函数
    global num
    num = num - 1
    if Entry1.get()=='12345':
        Canvas1.create_image(200,200,image = ship_png)
    else:
        if num==0:
            msg.showinfo("警报","三次密码输入错误,系统将锁定")
            OK.place(x=-100,y=-100)
            window.config(bg='red')
        else:
            msg.showinfo("提示","还剩"+str(num)+"次输入机会")
```

代码中的变量 num 用来统计剩余输入密码的次数，并且 num=3 写在了 OK_Mouse_Press_1(event) 事件函数的上方，这种写在函数体外面的变量称为全局变量。显然，与之相对应的是写在函数体里的变量称为局部变量。

局部变量只在函数体内部有效，在函数体外是访问不到的，而全局变量对它下面的代码都有效。以生活中的例子为例，全局变量类似于共享单车，函数都可以使用它，函数体内的局部变量类似于自家的自行车，只能自家人使用，不往外借，如图 7.7 所示。

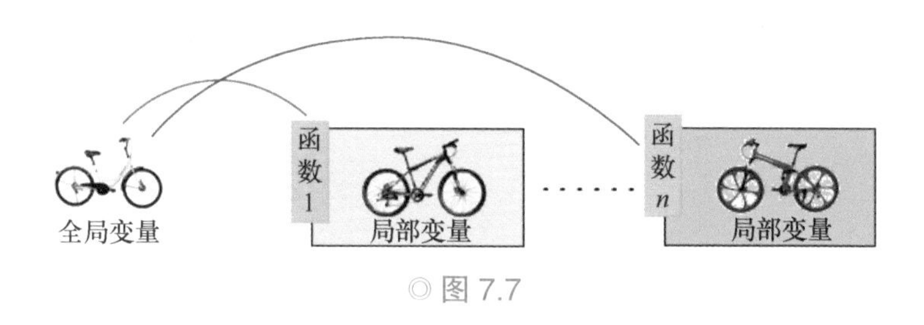

◎ 图 7.7

OK_Mouse_Press_1(event) 内使用了关键字 global，表示这里的 num 为之前定义的全局变量 num，如果不加关键字 global，Python 会认为函数体内的 num 是一个新的局部变量 num，与前面的全局变量 num 不同。

从代码中可以看到，每单击一次“确定”按钮，num 的值就减 1。如果输入的密码为“12345”，则通过 create_image() 在画布 Canvas1 上显示图片。

否则通过 msg.showinfo(" 提示 "," 还剩 "+str(num)+" 次输入机会 ") 弹出提示对话框，以提示用户剩余的输入次数。如果剩余的输入次数为 0，则在弹出警报对话框后，隐藏输入框（移动其位置到坐标 (–100,–100) 处），并将窗体的背景色改为红色。

如果将 num=3 这行代码移到 OK_Mouse_Press_1(event) 的函数体内，使之成为一个局部变量，则每一次单击"确定"按钮，执行 OK_Mouse_Press_1(event) 函数体内的语句时，都要执行一次 num=3，也就是 num 的值又被重置为 3，这样就无法使用 num 统计输入密码的次数。

动手实践

尝试修改代码，实现输入不同的密码，显示不同的图片。

扩展任务

一般情况下，在密码输入框中输入的密码不应该是明文显示的，尝试在附录 C 中查询输入框的使用方法及属性设置，并修改代码将密码输入框中的密码以字符"*"显示。

课后练习

练习 1 尝试编写一个车辆驾驶员血液酒精含量测试的程序。

练习 2 尝试制作一个类似 QQ 登录的界面，如图 7.8 所示。

◎ 图 7.8

重复重复
真好玩

抽象艺术画

本课我们将制作一个如图 8.1 所示的抽象艺术画绘制程序，它可以随机地在窗体中绘制“艺术”图形。

◎ 图 8.1

我们将学到的主要知识点如下。

（1）while 语句的使用。

（2）随机数的使用。

计算机最强大的功能之一是可以“不知疲倦”地反复做同样的事情，这可以用循环语句来实现。

循环结构可以用于解决一些按一定规则重复执行某段代码的问题，是程序设计中能发挥计算机特长的程序结构。

Python 中的 while 语句可用于循环执行代码，即在某条件成立的情况下，循环执行某段代码，以处理重复的任务。其基本形式如图 8.2 所示。

```
while 条件表达式:
    语句
```

◎ 图 8.2

while 语句的流程图如图 8.3 所示。

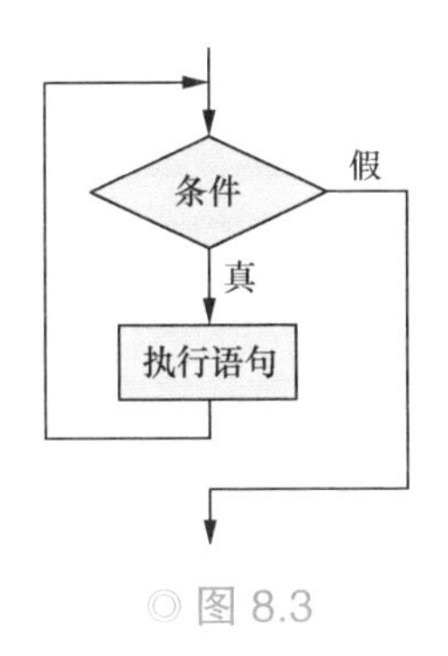

◎ 图 8.3

例如在屏幕上输出 3 行重复的字符串，其代码如下。

```
i =1
print("重要的事情说三遍:")
while i<=3:
    print(str(i) + " I love Visual Python")
    i = i + 1
```

输出结果如图 8.4 所示。

```
重要的事情说三遍：
1 I love Visual Python
2 I love Visual Python
3 I love Visual Python
```

◎ 图 8.4

在上段代码中，变量 i 的初始值为 1，每循环一次，i 值加 1，因为循环语句 while 的循环条件是 i ≤ 3，所以当 i = 4 不满足循环条件时结束循环，循环语句执行了 3 次循环体内的代码。

又如计算 1 + 2 + 3 + … + 98 + 99 + 100 的值，实现代码如下。

```
i =1
ans = 0                  # ans为输出答案，初始值为0
while i <= 100:
    ans = ans + i        # 累加i的值
    i = i + 1
print(ans)               # 输出计算答案
```

随机数是计算机通过一些特别的算法随机产生的数，它可以模拟现实生活中的很多现象，例如骰子游戏中骰子产生的点数、空战游戏中飞机出现的位置等。

Python 产生随机整数的方法很简单，random.randint(n,m) 即表示产生 *n*~*m* 范围内的随机整数。输出 100 个随机整数（范围为 1~100）的实现代码如下。

```
import random                              # 导入随机数模块
i = 1
while i <= 100:
    print(random.randint(1,100))
    i = i + 1
```

要使用随机数，需先导入随机数模块，即 import random。

熟悉了 while 循环语句和产生随机数的方法后，下面我们完成“抽象艺术画”这个程序，它可以绘制具有现代抽象风格的画。

界面设计

打开 Visual Python，单击窗体属性按钮，设置“窗体名称”为“抽象艺术画”。

选中画布控件，在窗体上绘制画布并使其覆盖整个窗体，如图 8.5 所示。

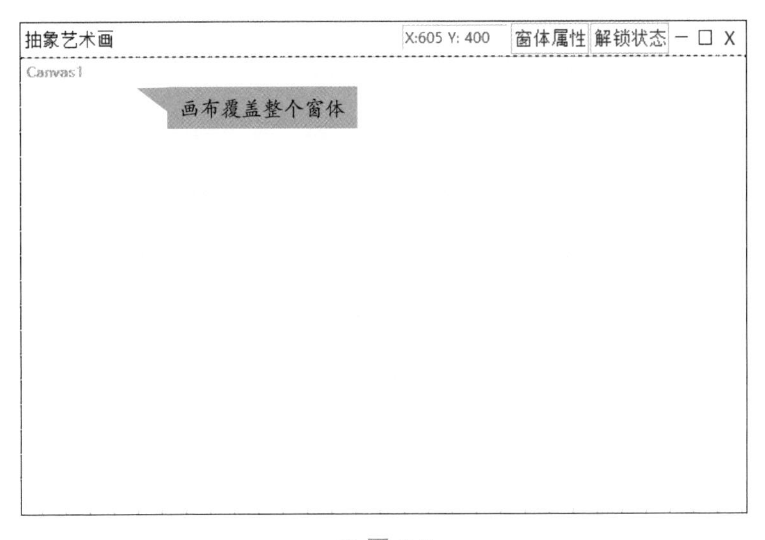

◎ 图 8.5

单击生成代码并调用编辑器按钮保存文件。下面我们将在 IDLE++ 中编写代码。

代码编写

要实现的代码的逻辑关系如图 8.6 所示。

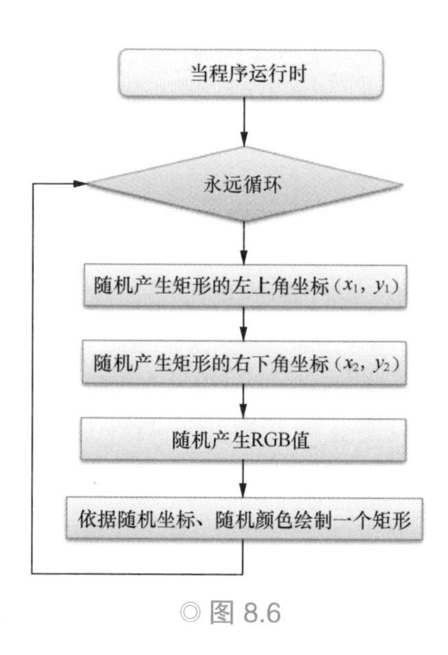

◎ 图 8.6

完整的代码如下。

```
import random

def Init():                                  # 程序运行时就执行一次的初始化函数
    while(1):
        x1=random.randint(0,800)
        y1=random.randint(0,600)
        x2=x1+random.randint(0,100)
        y2=y1+random.randint(0,100)
        r=random.randint(0,255)
        g=random.randint(0,255)
        b=random.randint(0,255)
        Canvas1.create_rectangle(x1,y1,x2,y2,outline=color((r,g,b)))
        Canvas1.update()                     # 强制更新画布
```

在代码中，while(1) 表示永远循环，因为括号内的值为 1，即 True。

“x1” “y1” “x2” “y2”表示矩形的左上角坐标和右下角坐标，“r” “g” “b”的值表示红色、绿色和蓝色的值，为随机数，其范围为 0~255。

Canvas1.create_rectangle() 表示在画布上绘制一个矩形，矩形为随机大小、随机颜色。矩形绘制完毕后，通过 update() 强制更新画布的值以刷新画面。

执行代码，观察“抽象艺术画”的绘制效果。

【实践 1】试添加代码，使程序中画布的背景色随机动态变化。

【实践 2】参考附录 C 中常用控件使用方法参考的画布部分，试添加代码，使程序随机绘制文字、圆形或其他图案。

扩展任务

从一堆数字中随机选取一个数字的操作为 random.choice([1, 2, 3, 4, 5, 6, 7, 8, 9, 0])，从一堆字符串形式的姓名中随机选取一个姓名的操作为 random.choice([' 张三 ', ' 李四 ', ' 王五 '])。试实现在程序中随机显示本班学生的姓名。

练习 有一个古老的传说。国王问发明了国际象棋的大臣要什么奖赏。大臣对国王说：“陛下，我只要一些麦粒。请您在这张棋盘的

第 1 个小格放 1 粒麦子，第 2 个小格放 2 粒，第 3 个小格放 4 粒，第 4 个小格放 8 粒，以此类推，直到把 64 格棋盘放满就行了。”国王觉得这个要求太容易满足了，就答应给他这些麦粒。当人们把一袋一袋的麦粒搬来开始计数时，国王才发现：可能把全世界的麦粒都拿来，也满足不了他的要求。

试通过编程计算这位大臣要求的麦粒到底是多少。

第九课 海龟绘图

本课我们将利用海龟绘图功能，绘制类似图 9.1 所示的图形。

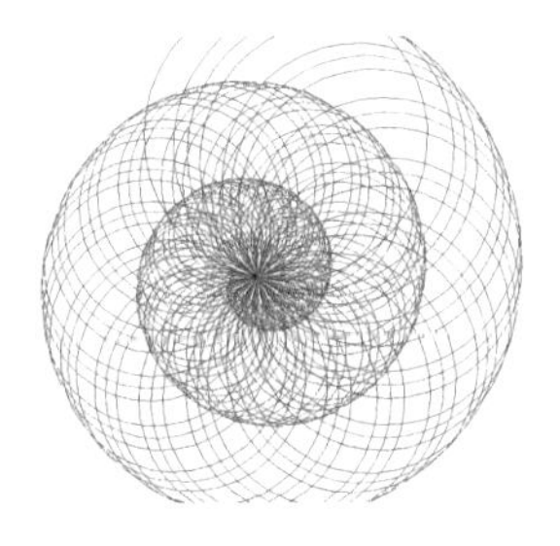

◎ 图 9.1

我们将学到的主要知识点如下。

（1）for 循环语句的使用。

（2）range() 函数的使用。

（3）列表的使用。

（4）海龟绘图命令的使用。

除了 while 循环语句外，Python 还有 for 循环语句。其流程图如图 9.2 所示。

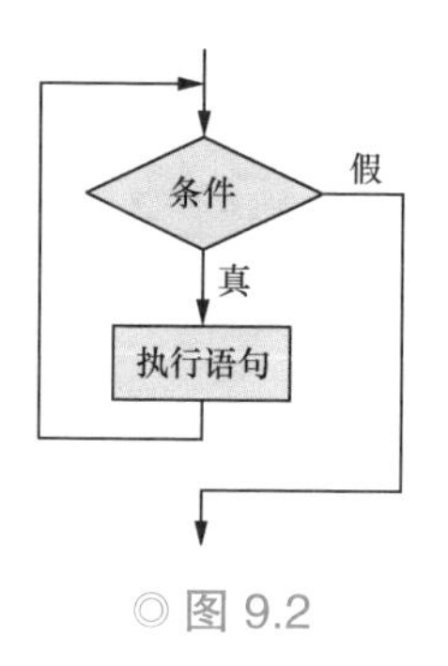

◎ 图 9.2

例如，计算 1 + 2 + 3 +…+ 98 + 99 + 100 的值，代码如下。

```
ans = 0                              # 用于保存累加结果的变量
for i in range(101):               # 逐个获取从1到100的值，并累加
    ans = ans + i
print(ans)
```

代码中的 i 作为循环变量使用，其初始值为 0，每循环一次自身加 1，即在循环中，i 的值依次为 0,1,2,3,4,5,6,…,100。

代码中用到了 range()。range() 实际上有 3 个参数，其格式为 range(起始值 , 结束值 ,[步长])。默认情况下，起始值是 0，步长为 1，且都是可选参数。

例如，range(5) 等价于 range(0,5)。

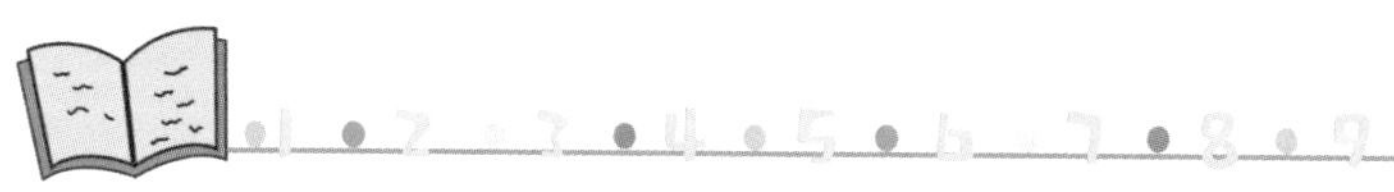

注意 range() 定义的数值范围包括起始值，但不包括结束值。

例如 range(0,5) 包括的数字为 [0,1,2,3,4]，没有 5；range(101) 的范围为 0~100。

for 循环多用于列表的遍历，列表是常用的 Python 数据类型。它类似于其他计算机语言中的数组，是一种可以更改内容的数据类型。它是

由一系列元素组成的序列。

思考这样一个问题。

如果要设计班上 50 位同学的成绩表，可以定义 50 个变量来实现，但这是一件很麻烦的事。

如果要设计全校 2000 名学生的信息数据库，显然没有人愿意定义 2000 个变量。

通过 Python 的列表数据类型，只用一个变量名称就可以解决这个问题。

Python 的列表除了可以存储相同类型的数据外，还可以存储不同类型的数据。例如，列表内可以同时存储整数、浮点数和字符串。

创建一个列表，只要把用逗号分隔的不同数据项使用方括号括起来即可，例如以下列表。

```
list1 = [1, 2, 3, 4, 5 ]
list2 = ["a", "b", "c", "d"]
list3 = [" 张三 ", " 李四 ", "math",1997, 2000,3.1415]
```

列表中的每一个数据称为元素，可以通过列表名称与索引读取列表元素的内容。在 Python 中元素的索引值从 0 开始，所以列表第 1 个元素的索引值是 0，第 2 个元素的索引值是 1，其他依此类推，如图 9.3 所示。

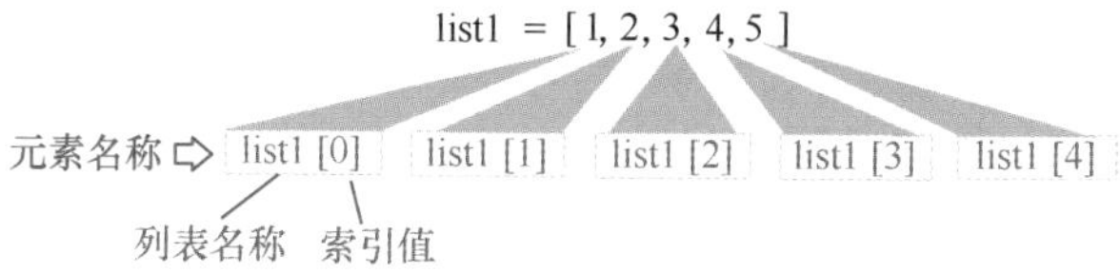

list1 = [1, 2, 3, 4, 5]

元素名称 ⇨ list1 [0] list1 [1] list1 [2] list1 [3] list1 [4]

列表名称 索引值

◎ 图 9.3

列表也可以放在列表内，例如 list1=[[1,2],[3,4],[5,6]]，该列表的各元素名称如图 9.4 所示。

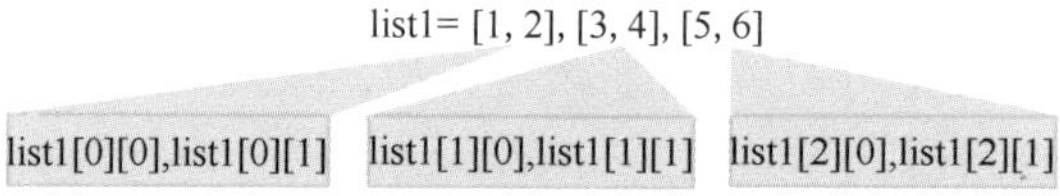

list1= [1, 2], [3, 4], [5, 6]

list1[0][0],list1[0][1] list1[1][0],list1[1][1] list1[2][0],list1[2][1]

◎ 图 9.4

使用 for 循环遍历列表的参考代码如下。

```
list1 = [1,2,3,4,5]
list2 = ["a","b","c","d"]
list3 = ["张三","李四","math",1997,2000,3,1415]
for i in list1:                  # 枚举列表全部元素
    print(i)                     # i表示当前列表中的元素
for i in range(len(list2)):      # 枚举列表全部元素，使用len()函数可获得列表的长度
    print(list2[i])              # list2[i]表示当前列表中的元素
for i in range(1,4):             # 枚举列表中索引值为1~3的元素
    print(list3[i])
```

输出结果如图 9.5 所示。

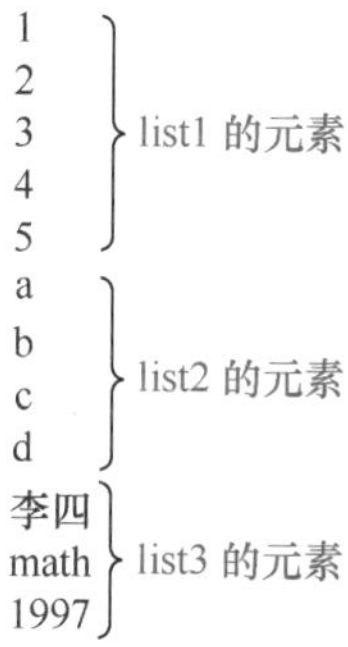

```
1
2
3
4
5
a
b
c
d
李四
math
1997
```

list1 的元素（1～5）；list2 的元素（a～d）；list3 的元素（李四、math、1997）

◎ 图 9.5

下面我们使用 for 循环语句结合 Python 内置的海龟绘图来绘制漂亮的图形。

打开 Visual Python，单击窗体属性按钮，设置“窗体名称”为“海龟绘图”。单击生成代码并调用编辑器按钮保存文件。我们将在 IDLE++ 中编写代码。

要实现的代码的逻辑关系如图 9.6 所示。

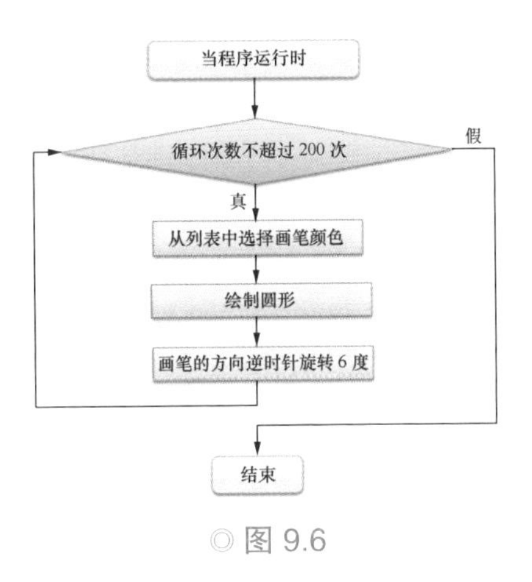

◎ 图 9.6

在 Init() 函数中，编写如下代码。

```
def Init():                                # 程序运行时就执行一次的初始化函数
    Turtle(0,0,800,600)
    colors=['red','yellow','blue','green']
    turtle.speed(0)
    for x in range(200):
        turtle.pencolor(colors[x%4])
        turtle.circle(x)
        turtle.left(6)
```

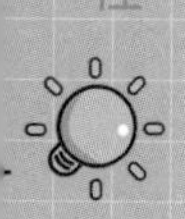

Turtle() 是 Visual Python 特有的自定义函数。执行 Turtle(0,0,800, 600) 代码将在窗体上显示一个左上角坐标为 (0,0)，宽、高分别为 800 和 600 的海龟绘图区。

colors=['red','yellow','blue','green'] 表示定义了一个列表，并存储了 4 种颜色。

turtle.speed(0) 设置海龟绘图的速度为 0，speed() 可以指定一个 0~10 的整数作为绘图速度，数值越大，绘图速度越快。如果指定值大于 10 或者小于 0.5，则统一设置为 0。

使用 for 循环语句执行 200 次绘图命令，其中 turtle.pencolor (colors[x%4]) 设置画笔颜色，颜色从列表 colors 中的 4 种颜色里通过取余的方式循环选择并使用。

turtle.circle(x) 表示绘制一个半径为 x 的圆形，显然随着循环变量 x 的逐渐增大，画的圆形也逐渐变大。

turtle.left(6) 表示画笔的方向逆时针旋转 6 度。

执行代码，观察程序的运行效果。

动手实践

海龟绘图常用的命令及含义如表 9.1 所示。

表 9.1　海龟绘图常用的命令及含义

命令	含义
turtle.shape(s)	设置画笔形状为 s，s 的可选项有“arrow”“turtle”“circle”“square”“triangle”“classic”，例如 turtle.shape("turtle")

续表

命令	含义
turtle.width(w)	设置线条粗细为 w
turtle.home()	设置当前画笔位置为原点，画笔朝向东
turtle.pencolor(color)	设置线条颜色为 color，例如 turtle.pencolor("red")
turtle.fillcolor(color)	设置图形的填充色为 color，例如 turtle.fillcolor("red")
turtle.color(col1, col2)	同时设置线条颜色 pencolor=col1，填充色 fillcolor= col2
turtle.pendown()	画笔移动时是否绘制图形，默认为绘制
turtle.penup()	提起画笔移动，不绘制图形，在另起一个地方绘制图形
turtle.forward(distance)	向当前画笔方向移动 distance 个像素长度
turtle. backward(distance)	向当前画笔相反方向移动 distance 个像素长度
turtle.right(degree)	顺时针旋转 degree 度
turtle.left(degree)	逆时针旋转 degree 度
turtle.goto(x,y)	将画笔移动到坐标为（x,y）的位置
turtle.circle(r)	绘制一个半径为 r 的圆形
turtle.dot(r)	绘制一个指定大小的圆点
turtle.begin_fill()	准备开始填充图形
turtle.end_fill()	结束填充图形
turtle.hideturtle()	隐藏画笔的外形
turtle.showturtle()	显示画笔的外形
turtle.reset()	清除画布，让画笔定位到起始位置
turtle.clear()	清除画布，让画笔留在原地
turtle.setx()	将当前 x 轴移动到指定位置
turtle.sety()	将当前 y 轴移动到指定位置

续表

命令	含义
turtle.setheading(angle)	设置当前画笔朝向为 angle 度
turtle.write(text,font)	输出字符串，例如输出字体为 Arial、大小为 20 的字符串“abc”，代码为 turtle.write("abc", font=("Arial", 20, "normal")

例如下面的代码，使画笔在每一次循环后向前移动 5 像素并逆时针旋转 5 度。

```
def Init():
    Turtle(0,0,800,600)
    colors=['red','yellow','blue','green']
    turtle.speed(0)
    for x in range(200):
        turtle.pencolor(colors[x%4])
        turtle.circle(x)
        turtle.left(5)
        turtle.forward(5)
```

运行效果如图 9.7 所示。

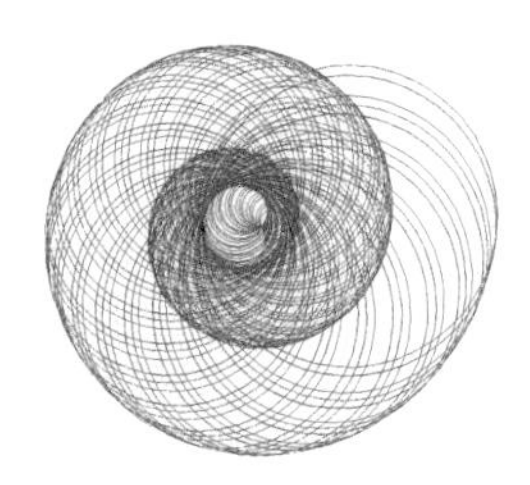

◎ 图 9.7

请尝试使用表 9.1 的绘图命令绘制出与众不同的图形。

扩展任务

在 Visual Python 默认生成的代码中，有一段海龟绘图的代码如下。

```
def Init():
    Turtle(0,0,800,600)
    turtle.color("blue","red")
    turtle.speed(10)
    turtle.begin_fill()
    for i in range(100):
        turtle.forward(i)
        turtle.left(50)
    turtle.end_fill()
    turtle.ht()
```

绘制的图形如图 9.8 所示。

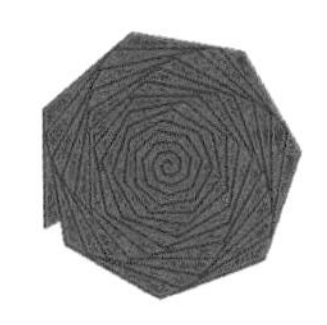

◎ 图 9.8

试理解代码的含义，并自行修改某些参数或添加某些命令，使绘制出来的图形更加漂亮。

练习 1 输入如下代码。

```
def Init():
    Turtle(0,0,800,600)
    colors=['red','yellow','blue']
    turtle.color("blue","red")
    turtle.speed(10)
    turtle.begin_fill()
    for i in range(100):
        turtle.pencolor(colors[i%3])
        turtle.forward(2*i)
        turtle.left(120)
    turtle.end_fill()
```

执行上述代码，绘制出的图形如图 9.9 所示。

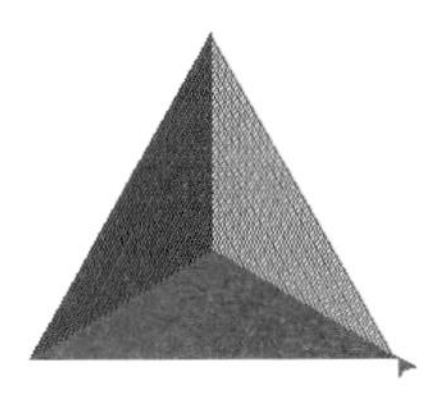

◎ 图 9.9

练习 2 删去“练习 1”的代码中填充颜色的命令，并将逆时针旋转角度改为 40 度，绘制出的图形如图 9.10 所示。

◎ 图 9.10

练习 3 试将“练习 1”的代码中的循环次数增多，再将逆时针旋转角度分别改为 50 度、60 度、70 度、80 度、100 度……观察绘制出的图形效果。

练习 4 输入如下代码。

```
def Init():
    Turtle(0,0,800,600)
    colors=['red','purple','blue','green','yellow','orange']
    turtle.speed(10)
    for x in range(360):
        turtle.pencolor(colors[x%6])
        turtle.width(x/100+1)
        turtle.forward(x)
        turtle.left(59)
```

执行以上代码，输出效果如图 9.11 所示。

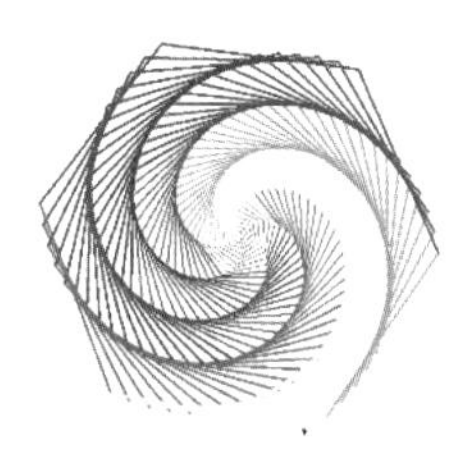

◎ 图 9.11

练习 5 试考虑如何编写代码，绘制出图 9.12 所示的五角星。

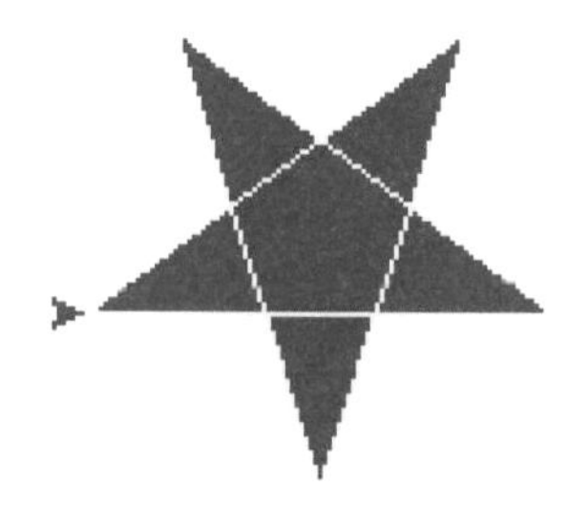

◎ 图 9.12

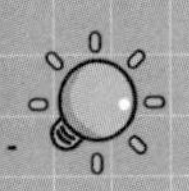

奇妙万花筒

本课我们将利用海龟绘图功能，绘制类似图 10.1 所示的漂亮图形。

◎ 图 10.1

我们将学到的主要知识点如下。

（1）for 循环语句的嵌套。

（2）setpos()、penup()、pendown() 等海龟绘图命令的使用。

循环语句是可以嵌套使用的，例如在 IDLE++ 中输入图 10.2 所示的代码。

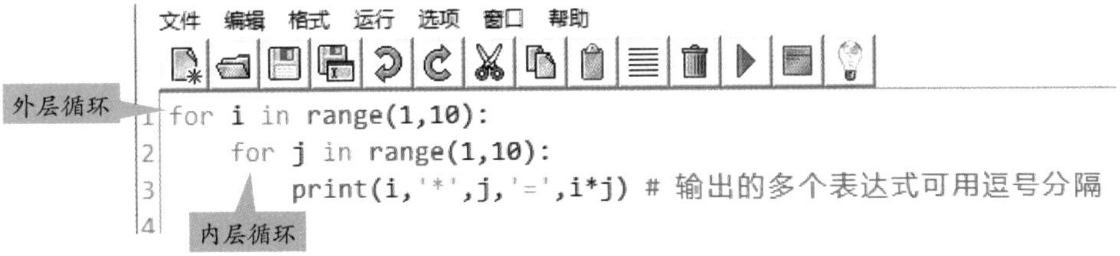

文件 编辑 格式 运行 选项 窗口 帮助

外层循环

```
for i in range(1,10):
    for j in range(1,10):
        print(i,'*',j,'=',i*j) # 输出的多个表达式可用逗号分隔
```

内层循环

◎ 图 10.2

输出九九乘法表，部分结果如图 10.3 所示。

```
1*1=1
1*2=2
1*3=3
1*4=4
1*5=5
1*6=6
1*7=7
1*8=8
1*9=9
2*1=2
2*2=4
2*3=6
```

◎ 图 10.3

外层循环中的循环变量 i 表示第 1 个乘数，内层循环中的循环变量 j 表示第 2 个乘数，从结果的输出次序可以看出，若从外层循环执行到内层循环，要先把内层循环的所有循环执行完后才能执行外层循环。

外层循环的循环变量名与内层循环变量名不能相同，以免混淆。

如果外层循环要执行 n 次，内层循环要执行 m 次，则整个循环体执行的次数是 $n \times m$ 次。

程序的代码缩进一定要注意。

表 10.1 所示是“大九九乘法表”，它最多可以算到 19×19 的值。试编程输出“大九九乘法表”。

表 10.1　大九九乘法表

×	11	12	13	14	15	16	17	18	19
1	11	12	13	14	15	16	17	18	19
2	22	24	26	28	30	32	34	36	38
3	33	36	39	42	45	48	51	54	57
4	44	48	52	56	60	64	68	72	76
5	55	60	65	70	75	80	85	90	95
6	66	72	78	84	90	96	102	108	114
7	77	84	91	98	105	112	119	126	133
8	88	96	104	112	120	128	136	144	152
9	99	108	117	126	135	144	153	162	171
10	110	120	130	140	150	160	170	180	190
11	121	132	143	154	165	176	187	198	209
12	132	144	156	168	180	192	204	216	228
13	143	156	169	182	195	208	221	234	247
14	154	168	182	196	210	224	238	252	266
15	165	180	195	210	225	240	255	270	285
16	176	192	208	224	240	256	272	288	304
17	187	204	221	238	255	272	289	306	323
18	198	216	234	252	270	288	306	324	342
19	209	228	247	266	285	304	323	342	361

如果不想每输出一行就换行，而是想输出表 10.1 所示的二维表格，可以使用以下输出语句。

```
print(i,'*',j,'=',i*j,end='')
```

下面我们要用 for 循环嵌套语句完成“奇妙万花筒”这个程序。

打开 Visual Python，单击窗体属性按钮，设置“窗体名称”为“奇妙万花筒”并设置窗体为全屏。

单击生成代码并调用编辑器按钮保存文件。我们将在 IDLE++ 中编写代码。

要实现的代码的逻辑关系如图 10.4 所示。

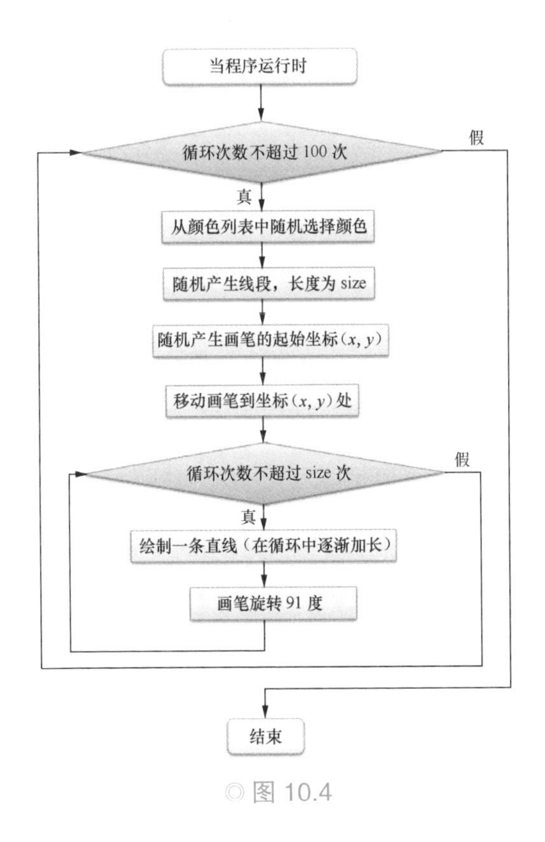

◎ 图 10.4

在 Init() 函数中编写如下代码。

```
import random

def Init():
    Turtle(0,0,800,600)                           # 初始化海龟绘图
    turtle.speed(0)
    colors=['red','yellow','blue','green','purple','orange']
    for m in range(100):                          # 外循环
        turtle.pencolor(random.choice(colors))
        size=random.randint(10,40)
        x=random.randrange(-400,400)
        y=random.randrange(-300,300)
        turtle.penup()                            # 抬起画笔
        turtle.setpos(x,y)                        # 设置画笔的位置
        turtle.pendown()                          # 放下画笔
        for n in range(size):                     # 内循环：绘制正方形
            turtle.forward(n*2)
            turtle.left(91)
```

代码中的外层循环从 0 到 99 共循环了 100 次，绘制了 100 个彩色的图形。每次循环时，画笔的颜色 (pencolor)、线段的长度 (size) 和画笔的起始坐标 (*x*,*y*) 都是随机产生的。其中 random.randrange(start, stop) 表示取值范围为 start~stop（包含 start，不包含 stop）。

每次从外层循环进入内层循环，内层循环要循环 size 次后才能跳到外层循环。可以看出，每次执行内层循环时，画笔向前移动了 $2 \times n$ 像素，再旋转 91 度，循环 size 次后，一个略带螺旋的“正方形”就绘制出来了。

试更改代码中的旋转角度、颜色、循环次数等参数，使绘制出来的图形更加炫目。

for 循环语句的 3 层嵌套代码如下。

```
import random

def Init():
    Turtle(0,0,800,600)                           # 初始化海龟绘图
    turtle.speed(0)
    for m in range(100):
        r=random.randint (0,256)
        g=random.randint (0,256)
        b=random.randint (0,256)
        turtle.pencolor(color((r,g,b)))    #注意r、g、b要用括号括住
        size=random.randint(5,20)
        x=random.randrange(-400,400)
        y=random.randrange(-300,300)
        turtle.penup()
        turtle.setpos(x,y)
        turtle.pendown()
        turtle.left(m)
        u=8
        for n in range(u):
            for k in range(u):
                turtle.forward(size)
                turtle.left(360//u)
            turtle.left(360//u)
```

执行上述代码，绘制效果如图 10.5 所示。试分析代码，理解代码的逻辑关系。

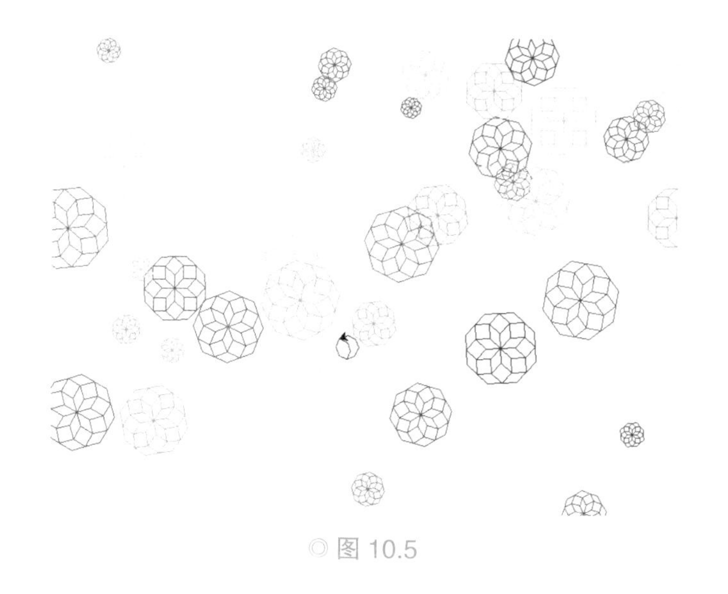

◎ 图 10.5

将代码中变量 u 的值改为 12，绘制效果如图 10.6 所示。

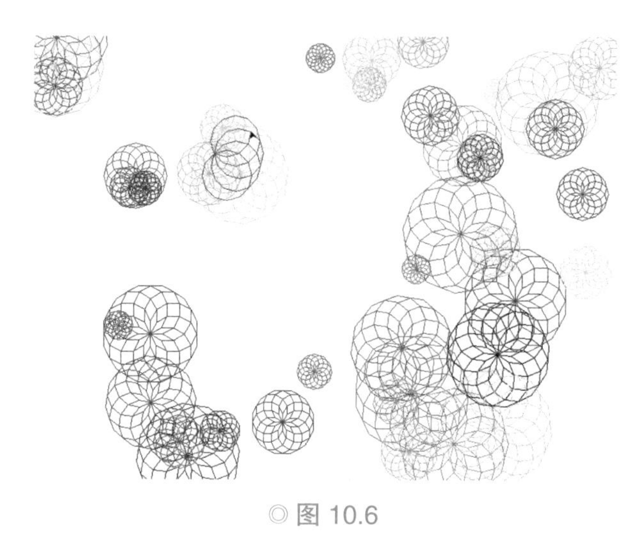

◎ 图 10.6

练习 1 图 10.7 所示图形的绘制方法是每次画笔向前绘制一段距离后，立即后退相同的距离，旋转一定的角度（360 度 / 循环次数）后继续绘制，如此循环绘制。

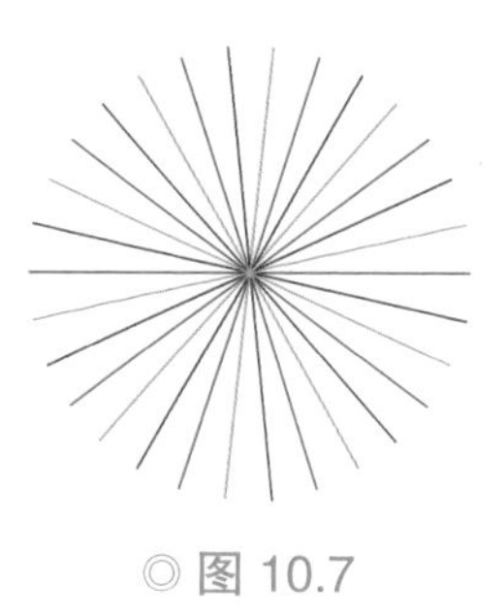

◎ 图 10.7

练习 2 图 10.8（a）所示图形的绘制步骤中，前 5 步可以分解为图 10.8（b）所示的步骤。

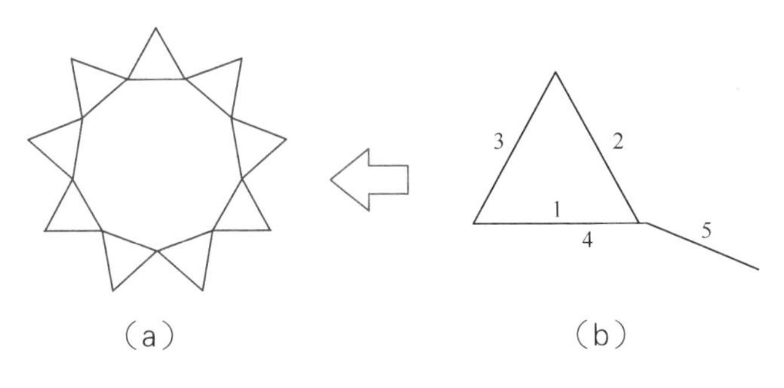

◎图 10.8

练习 3 尝试使用“练习 1”中的绘制技巧，绘制出更加漂亮的“奇妙万花筒”。

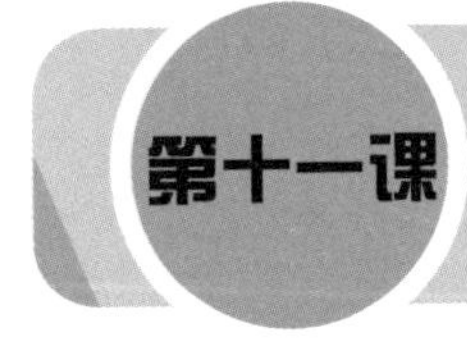

极速蜗牛

本课我们将制作一个如图 11.1 所示的极速蜗牛游戏。

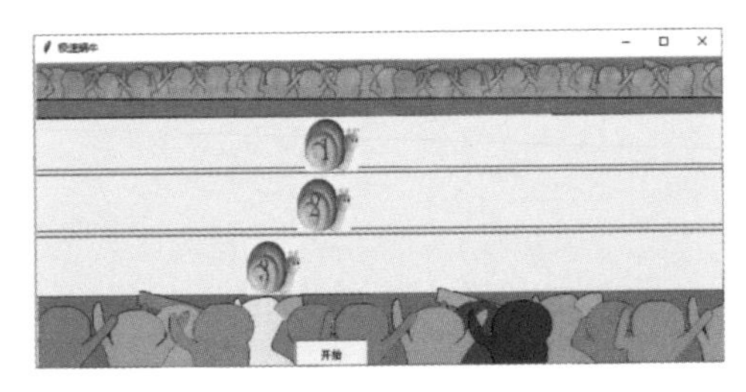

◎ 图 11.1

我们将学到的主要知识点如下。

（1）3 种逻辑运算符的应用。

（2）输入函数 input() 的使用。

（3）更新控件函数 update() 的使用。

（4）画布控件中的函数 move()、coords() 的使用。

（5）time 模块及 time.sleep() 函数的使用。

在现实生活中，我们经常用到“并且”“或者”“非”之类的语句。

例如，招收飞行员的要求是年龄在 18~30 岁，并且身高在 170~185 厘米；某招生考试分两场，只要第一场或者第二场考试及格，考试就算通过；某个游乐园区要求年龄非 18 岁以下的游客才能进入……

“并且”“或者”“非”对应 Python 的 3 种逻辑运算符“and”“or”“not”，如表 11.1 所示。

表 11.1　Python 的 3 种逻辑运算符

符号	含义	基本格式
and	逻辑与（“并且”的意思）	a and b
or	逻辑或（“或者”的意思）	a or b
not	逻辑非（“非”的意思）	not a

如果以电路图来表示，3 种逻辑运算符对应的电路图如图 11.2 所示。其中 a、b 为开关，设开关闭合为“真”，开关断开为“假”，灯泡亮为“真”，灯泡灭为“假”。

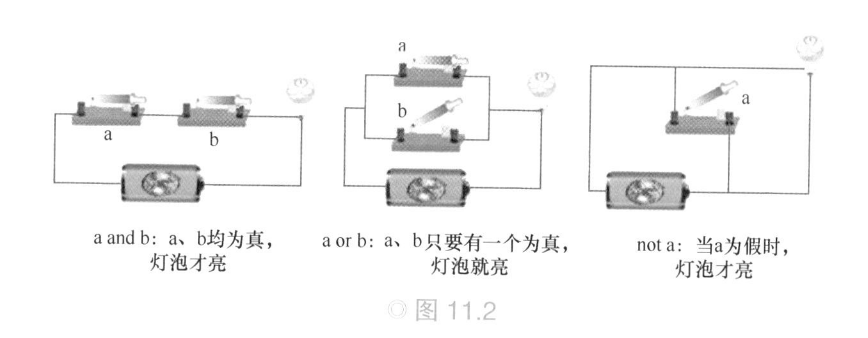

◎ 图 11.2

由此可得如下结论。

a and b：若 a、b 均为真，则 a and b 为真。

a or b：若 a、b 之一为真，则 a or b 为真。

not a：若 a 为真，则 not a 为假；若 a 为假，则 not a 为真。

以招收飞行员为例，使用逻辑运算符“and”的 Python 代码样例如下。

```
age = int(input("请输入年龄: "))
height = int(input("请输入身高: "))
if 18<=age<=30 and 170<=height<=185:
    print("恭喜，你符合报考飞行员的条件")
else:
    print("抱歉，你不符合报考飞行员的条件")
```

其运行结果如图 11.3 所示。

```
请输入年龄：14
请输入身高：170
抱歉，你不符合报考飞行员的条件
>>>
```

◎ 图 11.3

以招生考试为例，使用逻辑运算符“or”的 Python 代码样例如下。

```
test1 = int(input("请输入第一场考试成绩: "))
test1 = int(input("请输入第二场考试成绩: "))
if test1>=60 or test2>=60:
    print("恭喜，你已通过考试")
else:
    print("抱歉，你未通过考试")
```

其运行结果如图 11.4 所示。

```
请输入第一场考试成绩：70
请输入第二场考试成绩：80
恭喜，你已通过考试
>>>
```

◎ 图 11.4

以判断游乐园区入门资格为例，使用逻辑运算符“not”的 Python 代码样例如下。

```
age = int(input("请输入年龄: "))
if not age <18:
    print("可以进入游乐园区")
else:
    print("不能进入游乐园区")
```

其运行结果如图 11.5 所示。

```
请输入年龄：16
不能进入游乐园区
>>>
```

◎ 图 11.5

逻辑运算符也可以混合使用。例如，获得奖学金的标准是语文成绩达到 85 分并且数学成绩达到 95 分，或者语文成绩达到 90 分并且数学成绩达到 85 分，对应的 Python 代码如下。

```
chinese = int(input("请输入语文成绩: "))
math = int(input("请输入数学成绩: "))
if (chinese >=85 and math >=95) or (chinese >=90 and math >=85):
    print("获得奖学金")
else:
    print("没有获得奖学金")
```

下面我们完成一个“极速蜗牛”的程序，并用逻辑运算符判断比赛名次。

界面设计

打开 Visual Python，单击窗体属性按钮，设置“窗体名称”为“极速蜗牛”，并添加一张背景图片到“窗体背景”。

选中画布控件、按钮控件并绘制界面，在控件属性设置面板的“画布图片”选项中分别添加对应的蜗牛图片“Snail1.gif” “Snail2.gif”

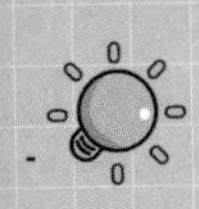

"Snail3.gif"，并设置按钮的"文字"属性为"开始"，如图 11.6 所示。

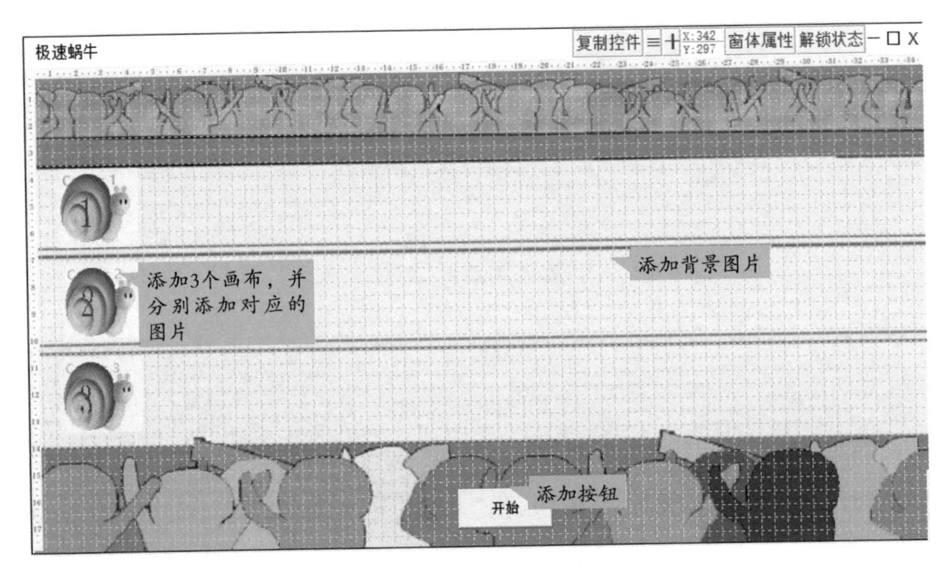

◎ 图 11.6

单击按钮控件，为其添加"单击鼠标左键事件"。

单击按钮保存文件。我们将在 IDLE++ 中编写代码。

代码编写

要实现的代码的逻辑关系如图 11.7 所示。

在 IDLE++ 中编写如下代码。

```
import random

def Button1_Mouse_Press_1(event):       # Button1的鼠标左键按下事件函数
    x1=0                                      # 蜗牛1的位置
    x2=0                                      # 蜗牛2的位置
    x3=0                                      # 蜗牛3的位置
    for i in range(160):
        Canvas1.place(x=x1)                 # 更新蜗牛1的位置
        Canvas2.place(x=x2)                 # 更新蜗牛2的位置
        Canvas3.place(x=x3)                 # 更新蜗牛3的位置
        window.update()                     # 刷新窗体画面
```

```
    x1=x1+random.randint(0,9)          # 蜗牛1的移动步数随机增加
    x2=x2+random.randint(0,9)          # 蜗牛2的移动步数随机增加
    x3=x3+random.randint(0,9)          # 蜗牛3的移动步数随机增加
if x1>x2 and x1>x3:
    msg.showinfo("提示","1号蜗牛获胜")
elif x2>x1 and x2>x3:
    msg.showinfo("提示","2号蜗牛获胜")
elif x3>x1 and x3>x2:
    msg.showinfo("提示","3号蜗牛获胜")
else:
    msg.showinfo("提示","有并列第一的情况出现,需要再比试一场")
```

运行程序，单击“开始”按钮，观察程序运行的结果。

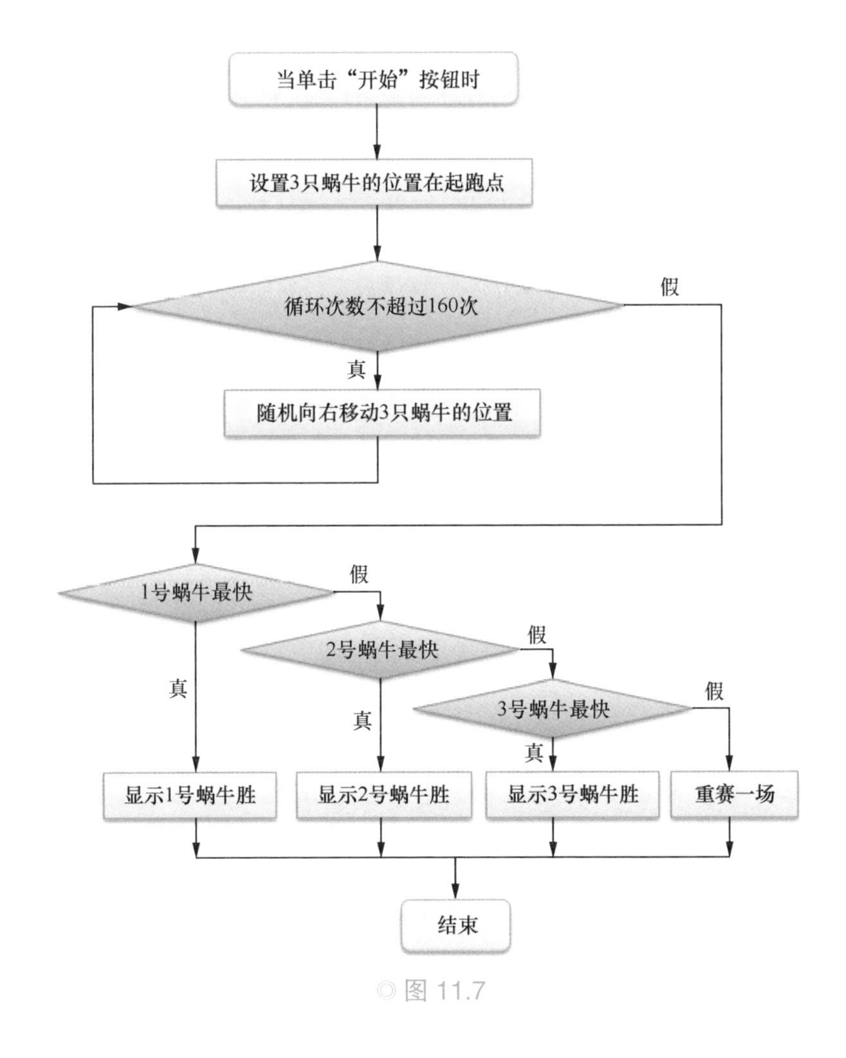

◎ 图 11.7

原始的代码只能显示出哪个蜗牛是第一名，试更改代码实现显示出第二名和第三名（如果有并列第一的情况出现，则提示再赛一场）。

制作一个在画布上来回弹跳的小球的程序。在窗体中添加一个 画布 控件，并调整画布控件使其覆盖整个窗体。

单击 生成代码并调用编辑器 按钮保存文件，在 IDLE++ 中编写如下代码。

```
import time                                                 # 导入时间模块

def Init():
    x=1                                                     # 向x轴移动的步长
    y=1                                                     # 向y轴移动的步长
    ball=Canvas1.create_oval(10,50,60,100,fill='red')  # 在画布上创建小球对象
    while(1):
        pos=Canvas1.coords(ball)                            # 获取小球坐标
        if pos[0]<=0 or pos[2]>=600:
            x=-x
        if pos[1]<=0 or pos[3]>=350:
            y=-y
        Canvas1.move(ball,x,y)                              # 移动小球的位置
        Canvas1.update()
        time.sleep(0.01)                                    # 暂停0.01秒
```

代码中导入了 time 模块，用来控制小球的移动速度。time.sleep(0.01) 表示暂停执行代码 0.01 秒。

pos=Canvas1.coords(ball) 用于获取小球的左上角坐标和右下角坐标，分别为 pos[0]、pos[1]、pos[2]、pos[3]。当小球移动到画布左边界或右边界时，改变小球的 x 坐标值，使小球反向运动，即 x=-x；当

小球移动到画布的上边界或下边界时，改变小球的 *y* 坐标值使小球反向运动，即 y=–y。

Canvas1.move(ball,x,y) 表示将小球向 *x* 轴方向移动 x 个单位，向 *y* 轴方向移动 y 个单位。

在程序运行时，一个红色小球在窗体里弹来弹去，效果如图 11.8 所示。

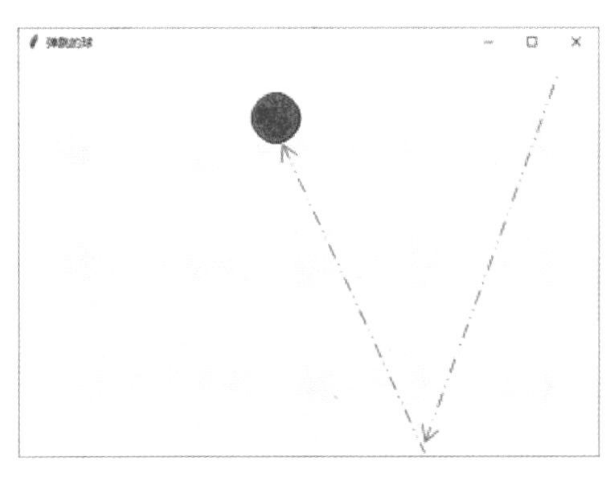

◎ 图 11.8

练习　制作一个趣味抽奖机程序，其界面如图 11.9 所示。

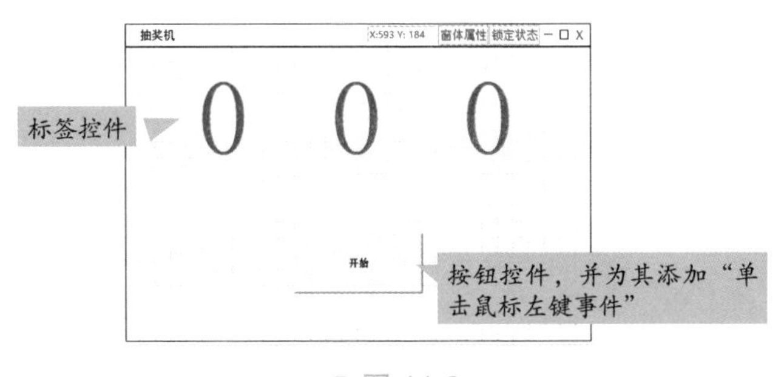

◎ 图 11.9

参考代码如下。

```
import random

def Button1_Mouse_Press_1(event):
    for i in range(1000):
        t1 = random.randint (0,9)
        t2 = random.randint (0,9)
        t3 = random.randint (0,9)
        Label2.config(text=str(t1))
        Label3.config(text=str(t2))
        Label4.config(text=str(t3))
        window.update()

    if t1==t2 and t1==t3 and t1==8:
        msg.showinfo("提示","难以置信，竟然是特等奖！")
    elif t1==t2 and t1==t3 and t1==6:
        msg.showinfo("提示","好厉害呀，居然是一等奖！")
    elif t1==t2 and t1==t3:
        msg.showinfo("提示","恭喜啊，中了二等奖！")
    elif t1==t2 or t1==t3 or t2==t3:
        msg.showinfo("提示","还不错，有个三等奖！")
    else:
        msg.showinfo("提示","很可惜，什么奖都没有！")
```

人工智能
太简单

凯撒密码

本课我们将制作一个如图 12.1 所示的对文本进行加密、解密的程序。

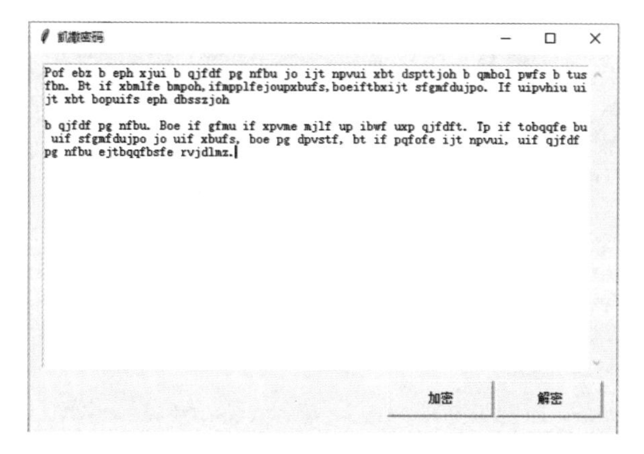

◎ 图 12.1

我们将学到的主要知识点如下。

（1）ASCII 及其与字符的转换。

（2）大小写字母的转换方法。

（3）ord()、chr()、len() 函数的使用。

（4）isalpha()、isdigit()、isalnum()、find() 函数的使用。

（5）break 与 continue 语句的使用。

英文字母、数字还有一些常用的符号（例如 '*'、'#'、'@' 等）在计算机中是使用二进制数来表示的。具体用哪些二进制数表示哪个符号，每个人都可以约定自己的一套编码规则，但如果想互相“通信”而不造成混乱，就必须使用相同的编码规则。美国标准化组织制定了 ASCII 编码，统一规定了上述常用符号用哪些二进制数来表示，如表 12.1 所示。

表 12.1　ASCII 编码表

编码	控制字符	编码	控制字符	编码	控制字符	编码	控制字符	编码	控制字符	编码	控制字符	编码	控制字符	编码	控制字符
0	NUL	16	DLE	32	（空格）	48	0	64	@	80	P	96	`	112	p
1	SOH	17	DCI	33	!	49	1	65	A	81	Q	97	a	113	q
2	STX	18	DC2	34	"	50	2	66	B	82	R	98	b	114	r
3	ETX	19	DC3	35	#	51	3	67	C	83	S	99	c	115	s
4	EOT	20	DC4	36	$	52	4	68	D	84	T	100	d	116	t
5	ENQ	21	NAK	37	%	53	5	69	E	85	U	101	e	117	u
6	ACK	22	SYN	38	&	54	6	70	F	86	V	102	f	118	v
7	BEL	23	ETB	39	’	55	7	71	G	87	W	103	g	119	w
8	BS	24	CAN	40	(	56	8	72	H	88	X	104	h	120	x
9	HT	25	EM	41	)	57	9	73	I	89	Y	105	i	121	y
10	LF	26	SUB	42	*	58	:	74	J	90	Z	106	j	122	z
11	VT	27	ESC	43	+	59	;	75	K	91	[	107	k	123	{
12	FF	28	FS	44	,	60	<	76	L	92	/	108	l	124	|
13	CR	29	GS	45	–	61	=	77	M	93	]	109	m	125	}
14	SO	30	RS	46	.	62	>	78	N	94	^	110	n	126	~
15	SI	31	US	47	/	63	?	79	O	95	_	111	o	127	DEL

下面的 Python 代码实现了 ASCII 与字符的转换，其中 ord() 将括号内的字符转换为对应的 ASCII 值，chr() 将括号内的 ASCII 值转换为对应的字符。

```
c = input("请输入一个ASCII编码表上的字符:")
print(c + "的ASCII值为",ord(c))
a = int(input("请输入一个ASCII值:"))
print(a,"对应的字符为", chr(a))
```

运行效果如图 12.2 所示。

```
请输入一个 ASCII 编码表上的字符：A
A 的ASCII 值为 65
请输入一个ASCII值：70
70  对应的字符为 F
>>>
```

◎ 图 12.2

可以发现，ASCII 编码表中的每一个小写字母比它对应的大写字母的 ASCII 值大 32。

下面的代码可以将输入的小写字母转换为对应的大写字母（同理，将大写字母转换为对应的小写字母）。

```
c = input("请输入一个小写字母:")
print("对应的大写字母为",chr(ord(c)-32))
```

程序运行结果如图 12.3 所示。

```
请输入一个小写字母：a
对应的大写字母为 A
>>>
```

◎ 图 12.3

想一想，如果将一篇英文文章的每一个字母的 ASCII 值加上一个值变为另一个字母，这篇文章不就被加密了吗？反过来，将密文的每一个字母的 ASCII 值减去这个值，这篇密文不就被解密了吗？

这种加解密的方法又称“凯撒密码”，如图 12.4 所示。它早期被古罗马的凯撒大帝用于军事情报的传递。

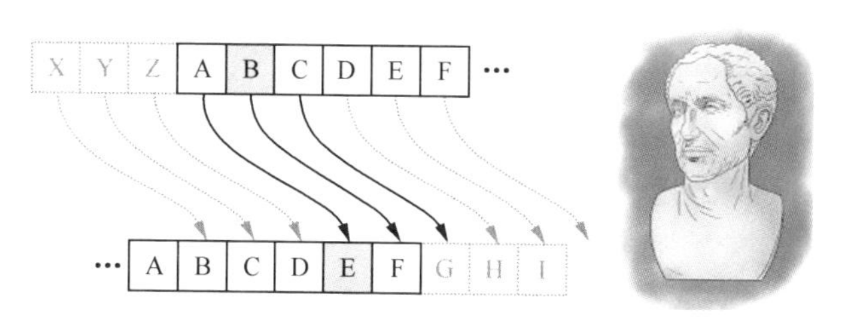

图 12.4

下面我们将用 Python 来完成编写“凯撒密码”的程序。

界面设计

打开 Visual Python，单击窗体属性按钮，设置“窗体名称”为“凯撒密码”。

选中文本框控件、按钮控件并绘制界面，并设置按钮的“文字”属性分别为“加密”和“解密”，如图 12.5 所示。

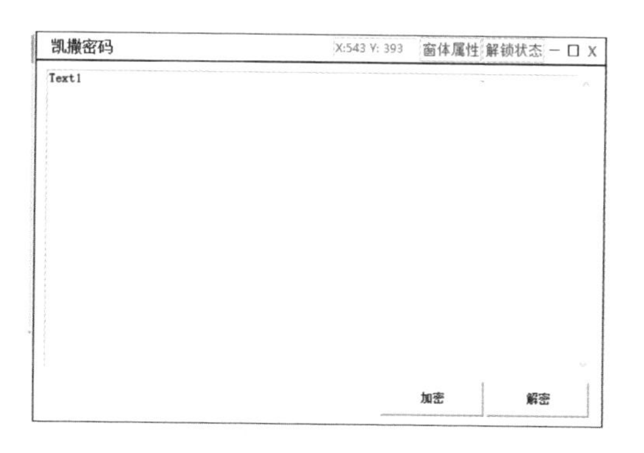

图 12.5

分别为两个按钮控件添加“单击鼠标左键事件”。

单击生成代码并调用编辑器按钮保存文件。我们将在 IDLE++ 中编写代码。

要实现的代码的逻辑关系如图 12.6 所示。

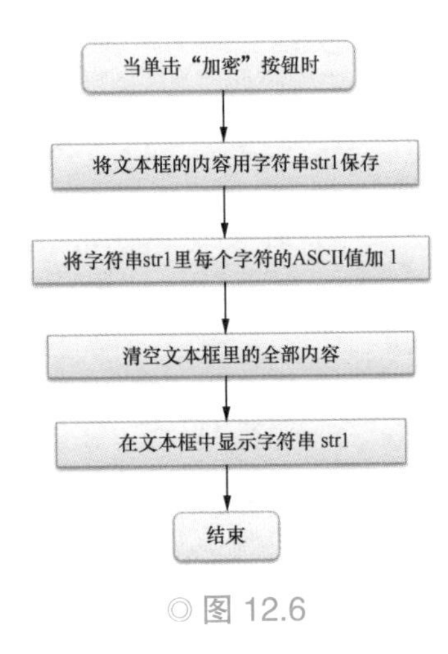

◎ 图 12.6

在 IDLE++ 中编写如下代码。

```
def Button1_Mouse_Press_1(event):
    str1=Text1.get(1.0,'end')                # 将文本框内的文本赋给str1
    str2=''                                      # 密文字符串初始值为空
    for i in range (0,len(str1)-1):          # 枚举str1中的每个字符
        str2 =str2+chr(ord(str1[i])+1)
    Text1.delete('1.0','end')                 # 删除文本框内所有文本
    Text1.insert('1.0',str2)                  # 插入生成的密文
```

可以看出，字符串 str1 为文本框内的文本，在 len(str1) 获取字符串 str1 的长度后，通过 for 循环结构枚举字符串 str1 中的每一个字符并对该字符进行 ASCII 值加 1 的操作，使其变成一个新字符，将新字符逐个连接到原本为空的字符串 str2 中。

最后，删除文本框内的内容，插入生成的密文。

在程序运行时，手动输入一段英文文本或复制一段英文文本到文本框内，如图 12.7 所示。

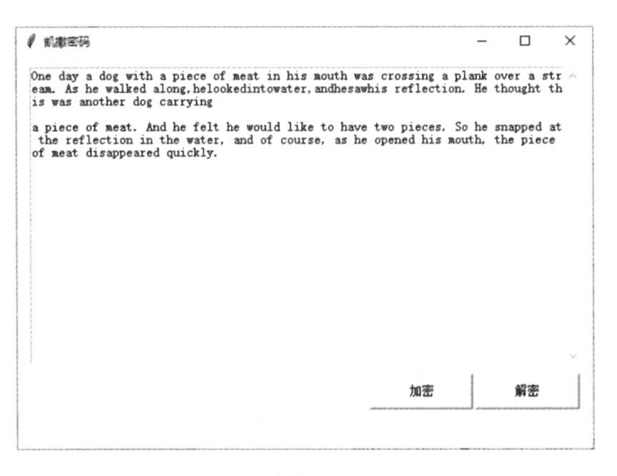

图 12.7

单击“加密”按钮，可以发现，文本框内的文本被加密成“乱码”，而且每单击一次“加密”按钮，文本框内的文本就会变化一次。

动手实践

试完成“解密”按钮对应的解密功能代码，即每单击一次“解密”按钮，文本框内文本的所有字符的 ASCII 值进行减 1 的操作。

扩展任务

对加密的文本进行限制，即仅对英文字母进行 ASCII 值的增减操作，且规定最后一个字母的 ASCII 值加 1 后变为第一个字母，即“z”变为“a”，“Z”变为“A”，这样产生的密文共有 25 种变化。

现在考虑如何实现只需单击一次“解密”按钮，就能自动对文本框内的文本进行解密。为了实现这个功能，需要从英文字母的特征入手。

根据对英文文本的统计，英文字母的特征一般有：

（1）在所有的英文字母里，字母“e”出现的频率最高；

（2）在所有的二字母组合里，组合“is”出现的频率最高；

（3）在所有的三字母组合里，组合“the”出现的频率最高；

（4）绝大多数情况下，句中出现的大写单字母的单词是“I”；

（5）绝大多数情况下，句中出现的小写单字母的单词是“a”。

所以在程序枚举字母的过程中，如果在正在解密的文本中发现了这些特征，即可认为解密成功。

解密功能代码的逻辑关系如图 12.8 所示。

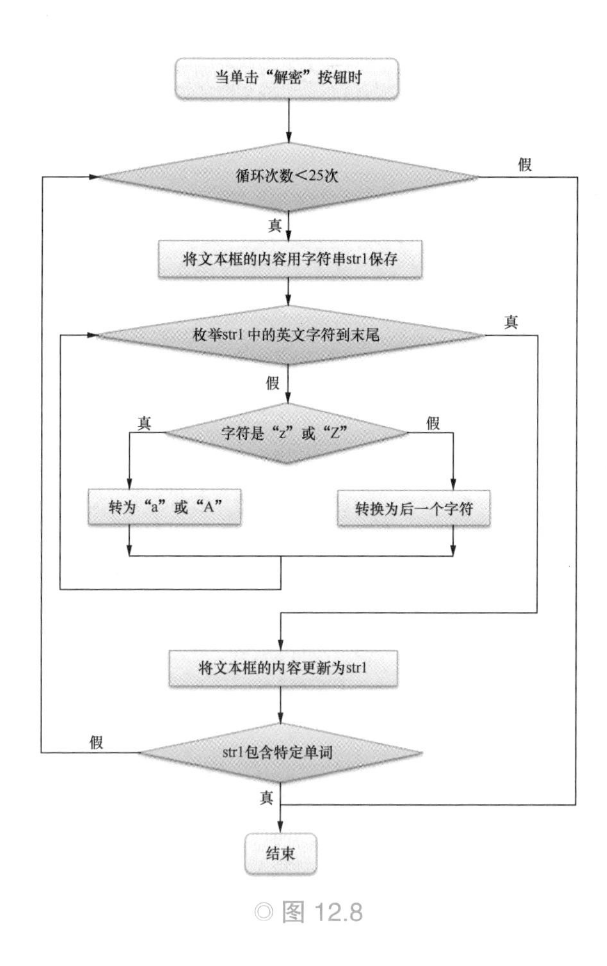

◎ 图 12.8

参考代码如下。

```
def Button1_Mouse_Press_1(event):
    str1=Text1.get(1.0,'end')                          #将文本框内的文本赋给str1
    str2=''                                            #密文字符串初始值为空
    for i in range (0,len(str1)-1):                    #枚举str1中的每个字符
        if str1[i].isalpha()==True:                    #如果为字母
            if str1[i]=='z' or str1[i]=='Z':
                str2 =str2+chr(ord(str1[i])-25)        #使“z”变成“a”
            else:
                str2 =str2+chr(ord(str1[i])+1)
        else:
            str2 =str2+str1[i]
    Text1.delete('1.0','end')                          #删除文本框内所有文本
    Text1.insert('1.0',str2)                           #插入生成的密文

def Button2_Mouse_Press_1(event):
    for i in range(1,26):
        str1 = Text1.get(1.0,'end')                    # 将文本框内的文本赋给str1
        str2 = ''                                      # 密文字符串初始值为空
        for i in range (0,len(str1)-1):                # 枚举str1中的每个字符
            if str1[i].isalpha()==True:                # 如果为字母
                if str1[i]=='z' or str1[i]=='Z':
                    str2 =str2+chr(ord(str1[i])-25)    # 使“z”变成“a”
                else:
                    str2 =str2+chr(ord(str1[i])+1)
            else:
                str2 =str2+str1[i]
        Text1.delete('1.0','end')                      # 删除文本框内所有文本
        Text1.insert('1.0',str2)                       # 插入生成的解密文
        Text1.update()                                 # 刷新以看清文本的变化
        if str2.find(' is ')!=-1 or str2.find(' the ')!=-1:   # 找到特征
            break
```

可以看出，加密的代码和解密的代码大部分是相同的，只是解密代码多了一个循环结构和找到特征后跳出循环的语句，其中 break 用于跳出当前层的循环。

代码中 isalpha() 用于判断当前字符是否为英文字母，它返回的是逻辑值 True 或 False。

除了 isalpha() 用于判断字符是否为英文字母外，还有 isdigit() 用于判断字符是否为数字，isalnum() 用于判断字符串是否为数字和英文字母的组合。

find() 用于判断字符串里是否包含某个子字符串，如果包含，返回子字符串第一个字符的索引值，如果不包含，返回 –1。

在 Python 中，break 语句用于跳出当前层的循环，continue 语句可用于跳出本次循环。

例如以下代码。

```
for i in range(0,10):
    if i%3 == 0:
        continue
    print(i)
```

当程序运行时，输出的数为 1、2、4、5、7、8。显然所有能被 3 整除的数都没有被输出，即 print(i) 语句没有被执行。

因为加密的代码和解密的代码大部分是相同的，为了精简代码，可以自定义一个函数，将相同部分的代码放在自定义函数中，就可以被其他函数调用。

参考代码如下。

```
str1 = ''                                          # 定义全局变量str1
str2 = ''                                          # 定义全局变量str2

def Change():                                      # 自定义函数
    global str1,str2                               # 使用全局变量str1、str2
    str1=Text1.get(1.0,'end')                      # 将文本框内的文本赋给str1
    str2=''                                        # 密文字符串初始值为空
    for i in range (0,len(str1)-1):                # 枚举str1中的每个字符
        if str1[i].isalpha()==True:                # 如果为字母
            if str1[i]=='z' or str1[i]=='Z':
                str2 =str2+chr(ord(str1[i])-25)# 使"z"变成"a"
            else:
                str2 =str2+chr(ord(str1[i])+1)
        else:
            str2 =str2+str1[i]
    Text1.delete('1.0','end')                      # 删除文本框内所有文本
    Text1.insert('1.0',str2)                       # 插入生成的密文

def Button1_Mouse_Press_1(event):                  # Button1的鼠标左键按下事件函数
    Change()                                       # 调用Change()函数

def Button2_Mouse_Press_1(event):                  # Button2的鼠标左键按下事件函数
    for i in range(1,26):
        Change()
        Text1.update()                             #刷新以看清文本的变化
        if str2.find(' is ')!=-1 or str2.find(' the ')!=-1: #找到特征
            break
```

请完成该代码的测试，并思考为什么要定义str1和str2为全局变量。

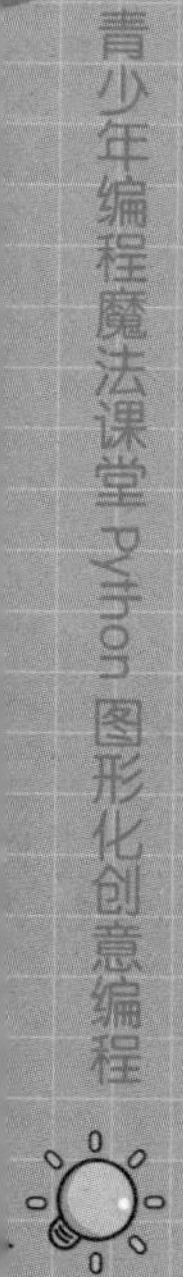

第十三课 机器学习

本课我们将制作一个图 13.1 所示的程序，它能够通过机器学习的方式，自动对电影进行分类。

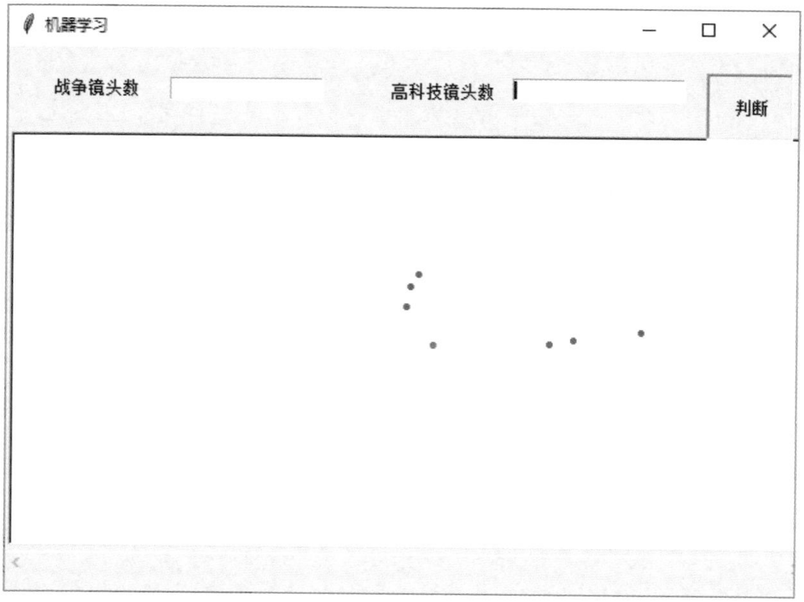

◎ 图 13.1

我们将学到的主要知识点如下。

（1）KNN 算法及实现原理。

（2）数据可视化的实现。

准备知识

在信息时代，人类活动中产生的数据呈爆发式增长，但人们很难直接从原始数据本身获得所需信息，而机器学习可以把生活中无序的数据转换成有用的信息。例如对垃圾邮件的检测，检测一个单词是否存在并没有多大的作用，然而当某几个特定单词同时出现时，再辅以邮件的长度及其他因素，就可以准确地判定该邮件是否为垃圾邮件。

Python 可以对已获得的数据进行处理和学习以获取经验，从而掌握对其他类似数据进行判断的能力。

第三方模块 scikit-learn 中包含的 KNN（K- 最近邻）算法是相对简单的机器学习算法。它主要用于对事物进行分类，涉及的数学知识很少，但分类效果很好，是很多高级机器学习算法的基础。

Visual Python 已默认安装了很多常用的第三方模块，所以一般情况下无须安装 scikit-learn 模块。

如需手动安装 scikit-learn 模块，可在 Windows 的“命令提示符”窗口执行如下命令进行安装。

```
pip install scikit-learn
```

KNN 算法的实现思想是先收集相关数据的特征值，通过对这些数据的训练生成模型，然后再将待分类的实例与训练模型依次进行特征比较，找到与该实例较邻近的 K 个实例，如果这 K 个实例的大多数属于某个类，就把该实例分到这个类中，如图 13.2 所示。

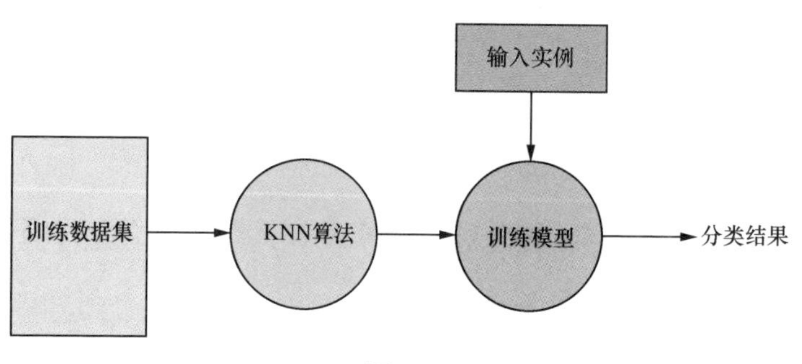

◎ 图 13.2

举个例子说明，我们小时候是怎样认识各种事物的？通常是爸爸妈妈告诉我们这是汽车，那是高楼……这样，慢慢地我们就在大脑中建立起了“模型”，以后见到类似事物，就自动地根据脑中形成的“模型”对事物进行匹配、分类。

例如通过 KNN 算法分辨一部电影是科幻片还是战争片。首先要收集这两类电影的特征值，并依据其特征值建立训练模型。为了方便理解，我们将训练模型简化为如图 13.3 所示的二维图上，其中科幻片以蓝色方块表示，战争片以红色三角表示。

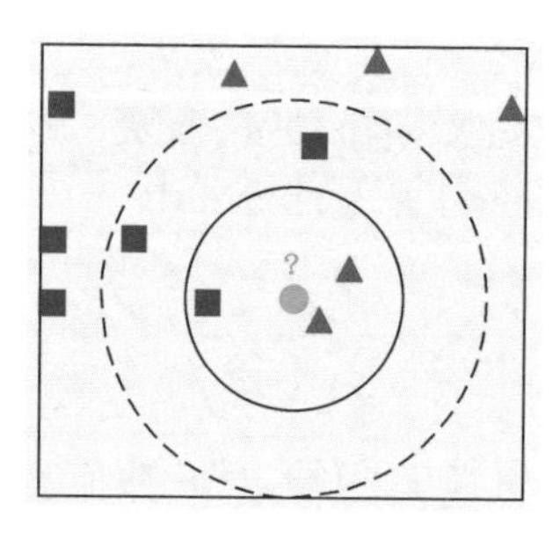

◎ 图 13.3

判断未分类实例（以绿色圆点表示）属于“蓝色方块”类还是“红色三角”类，程序会依据离绿色圆点较近的 3 个（或 *K* 个）数据点的类别，其中占多数的类别即为绿色圆点的判定类别。

判断点与点之间的距离远近采用如下欧几里得距离计算公式：

$$l=\sqrt{(x_2-x_1)^2+(y_2-y_1)^2}$$

KNN 算法的缺点是效率低下。当训练数据比较多时，分类速度很慢，但训练数据较少时，又容易误分。

界面设计

打开 Visual Python，单击窗体属性按钮，设置“窗体名称”为“机器学习”。

选中标签控件、输入框控件和按钮控件并绘制界面，设置按钮的“文字”属性为“判断”，设置两个标签的“文字”属性分别为“战争镜头数”和“高科技镜头数”，如图 13.4 所示。

图 13.4

为按钮控件添加“单击鼠标左键事件”。

单击 生成代码并调用编辑器 按钮保存文件。我们将在 IDLE++ 中编写代码。

现有一组自拟的关于电影中镜头的数据，如表 13.1 所示。

表 13.1　自拟的电影镜头数据

电影类型	战争镜头数	高科技镜头数
战争片	36	1
	42	2
	59	4
科幻片	0	10
	1	15
	3	18

将这些数据作为训练数据集的数据，则程序的代码如下。

```
from sklearn import neighbors                          # 导入sklearn中的模型

a=[[36,1],[42,2],[59,4],[0,10],[1,15],[3,18]] # 训练数据集的属性值
b=[0,0,0,1,1,1]                                            # 训练数据集对应分类
clf=neighbors.KNeighborsClassifier()                 # 采用KNN分析模型
clf=clf.fit(a,b)                                            # 用训练数据集训练模型

def Button1_Mouse_Press_1(event):
    x=int(Entry1.get())
    y=int(Entry2.get())
    Entry1.delete(0,'end')
    Entry2.delete(0,'end')
    if clf.predict([[x,y]]) == 1:                     # 对输入的数据进行判断
        msg.showinfo('提示','这是一部科幻片')
    else:
        msg.showinfo('提示','这是一部战争片')
```

执行代码，在输入框中分别输入“20”和“2”，输出结果如图

13.5 所示。

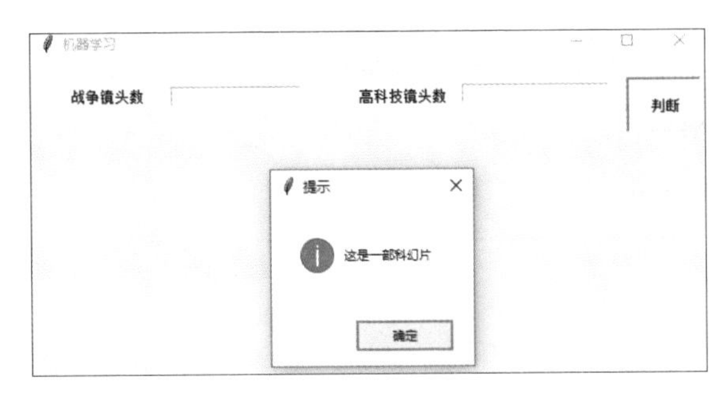

◎ 图 13.5

为了更加形象且加深理解，还可以在原代码的基础上添加部分代码实现数据可视化。

```
from sklearn import neighbors                              # 导入sklearn中的模型

a=[[36,1],[42,2],[59,4],[0,10],[1,15],[3,18]]              # 训练数据集的属性值
b=[0,0,0,1,1,1]                                            # 训练数据集对应分类
clf=neighbors.KNeighborsClassifier()                       # 采用KNN分析模型
clf=clf.fit(a,b)                                           # 用训练数据集训练模型

def Button1_Mouse_Press_1(event):                          # Button1 的鼠标左键按下事件函数
    x=int(Entry1.get())
    y=int(Entry2.get())
    Entry1.delete(0,'end')
    Entry2.delete(0,'end')
    if clf.predict([[x,y]]) == 1:                          # 对输入的数据进行判断
        msg.showinfo('提示','这是一部科幻片')
    else:
        msg.showinfo('提示','这是一部战争片')
    turtle.pencolor('green')                               # 画笔颜色为绿色
    turtle.goto(x,y)                                       # 画笔移动到输入数据对应的坐标
    turtle.dot(5)                                          # 绘制代表输入数据的圆点

def Init():
    Turtle(50,100,600,300)
    turtle.hideturtle()                                    # 隐藏画笔
    turtle.penup()                                         # 画笔抬起
    for i in range(len(a)):
        if b[i]==0:                                        # 如果是战争片
            turtle.pencolor('red')                         # 画笔颜色为红色
        else:
            turtle.pencolor('blue')                        # 否则画笔颜色为蓝色
        turtle.goto(a[i][0]*3,a[i][1]*3)                   # 画笔移动到训练数据集相应坐标
        turtle.dot(5)                                      # 绘制大小为5的圆点
```

执行代码，在输入框中分别输入“20”和“2”，输出结果如图 13.6 所示。

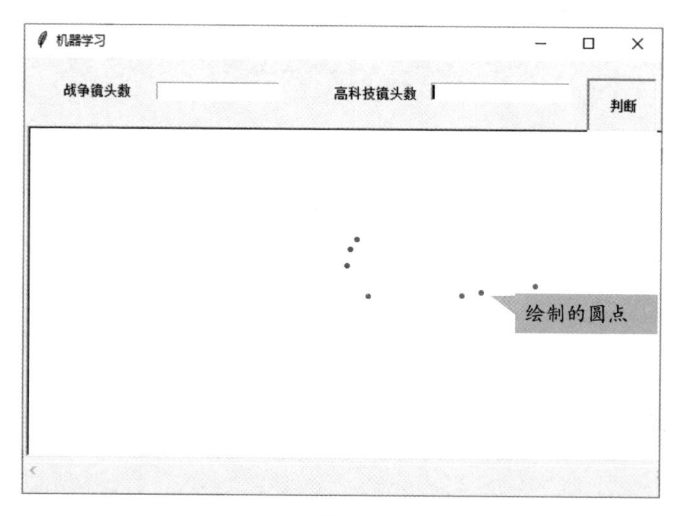

◎ 图 13.6

在 turtle.goto(a[i][0]*3,a[i][1]*3) 中，坐标值乘以 3 是为了将图像放大 3 倍以更清楚地显示。

扩展任务

根据身高体重判断体型，相关训练数据集如表 13.2 所示，试通过编程判断输入数据对应的体型。

表 13.2　身高体重与体型的关系表

身高	体重	体型	身高	体重	体型
1.5	40	thin	1.8	70	thin
1.5	50	fat	1.8	80	fat
1.5	60	fat	1.8	90	fat

续表

身高	体重	体型	身高	体重	体型
1.6	40	thin	1.9	80	thin
1.6	50	thin	1.9	90	fat
1.6	60	fat	1.7	60	thin
1.6	70	fat	1.7	70	fat
1.7	50	thin	1.7	80	fat

表 13.3 是一个优秀学生评价标准表，试通过编程判断表 13.4 中的学生是否为优秀学生。

表 13.3　优秀学生评价标准表

语文	数学	英语	政治	优秀学生
94	89	67	80	否
90	91	97	90	是
93	92	94	91	是
80	73	91	88	否
76	88	78	91	否
97	93	98	91	是
89	78	67	94	否
91	99	96	96	是
81	94	80	93	否
71	91	92	97	否

表 13.4　优秀学生评价表

语文	数学	英语	政治	优秀学生
85	89	78	80	
93	93	91	94	
89	89	64	61	
75	73	91	100	
99	88	68	91	

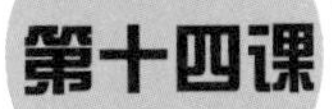

第十四课 本福特定律

学习目标

本课我们将制作一个如图 14.1 所示的程序来验证神奇的本福特定律。

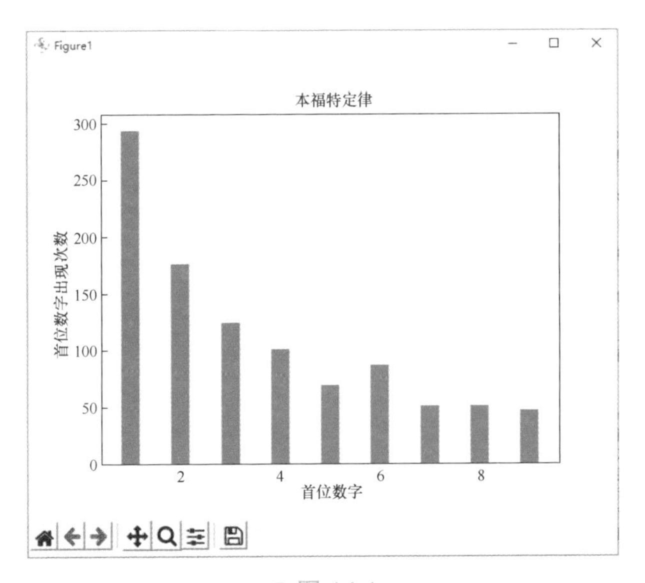

◎ 图 14.1

我们将学到的主要知识点如下。

（1）本福特定律。

（2）获取一个整数的首位数字的方法。

（3）建立直方图的方法。

在成千上万的数据中，有些数据不是人为规定的，是杂乱无章的。例如世界上所有国家的人口数量、国内生产总值、国土面积，一张报纸上的经济数据，彩票在各个城市的销售额……

这些数字的首位数字是 1（如 1.25 亿、107、1996 万这样的数字）的概率有多大呢？也许有人会毫不犹豫地回答“1/9”。但实际上，这和现实生活中的直观感觉完全不一样，首位数字是 1 的数字大约占 30%，这就是 1938 年物理学家本福特发现的本福特定律。

本福特定律又叫第一数字定律，即 1~9 这 9 个自然数作为首位数字出现的概率，它们呈现图 14.2 所示的基本规律。

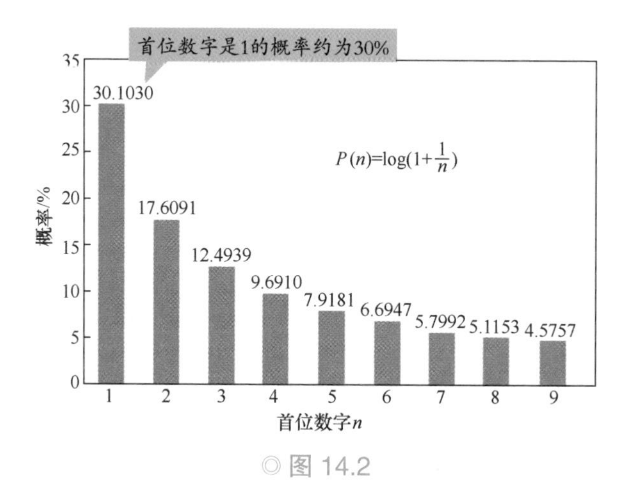

◎ 图 14.2

本福特定律适用范围非常广泛，在自然界和日常生活中获得的大多数数据都符合这个定律。例如以下几幅图。

世界各国人口首位数字比例如图 14.3 所示。

世界各国人口首位数字比例图
2016年世界各国人口
本福特定律
35%
30%
25%
20%
15%
10%
5%
0
比例
1
2
3
4
5
6
7
8
9
数字开头

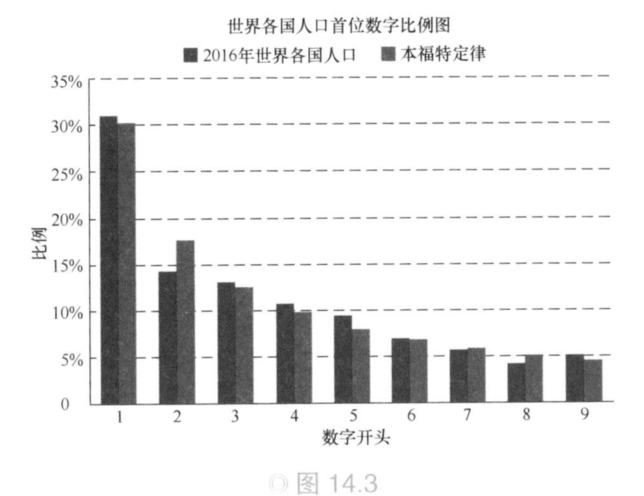

◎ 图 14.3

各国国内生产总值（GDP）首位数字比例如图 14.4 所示。

各国国土面积首位数字比例如图 14.5 所示。

各国国内生产总值(GDP)首位数字比例图
GDP首数字比例
本福特定律
0.35
0.3
0.25
0.2
0.15
0.1
0.05
0
比例
1
2
3
4
5
6
7
8
9
数字开头

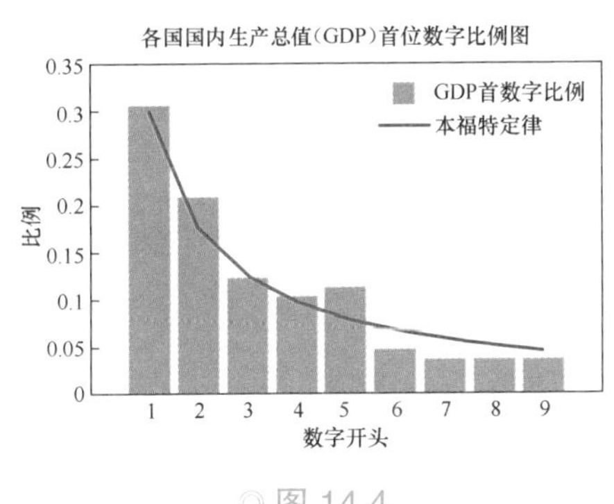

◎ 图 14.4

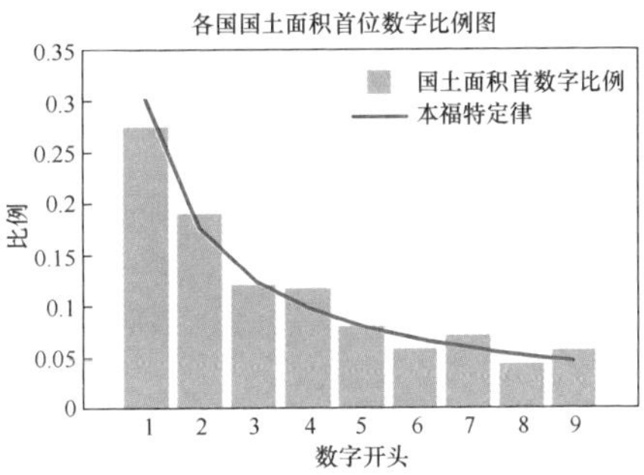

各国国土面积首位数字比例图
国土面积首数字比例
本福特定律
0.35
0.3
0.25
0.2
0.15
0.1
0.05
0
比例
1
2
3
4
5
6
7
8
9
数字开头

◎ 图 14.5

为提高本福特定律的准确性，它的应用有一些限制，即数据必须符合以下几个条件。

（1）数据产生于生活或者自然中，而不是人为规定的，例如新生儿数量、死亡人数就满足这个条件，而电话号码、邮政编码等都不满足这个条件。

（2）数据量要足够大，并且跨越几个量级。例如不同国家的人口

数量，从几百到几十亿，跨越了 7 个量级，就符合这个条件。而成人的身高基本都在 1 米到 2 米之间，跨度太小，就不满足这个条件。

（3）为造假而人工修改过的数据、彩票上的随机数据，不符合本福特定律。

（4）数据在单位时间内的增长量正比于存量。例如在年利息 3% 的情况下，存到银行的 100 元明年就会变成 103 元，100 万元明年就会变成 103 万，这就是典型的单位时间内增长量正比于存量的情况。又如在相似的经济环境下，人口的自然增长率是比较固定的，所以一个国家的人口越多，每年新增的人口也会越多，这也符合增长量正比于存量。

本福特定律究竟有什么用呢？一个最直接的应用是判断财务数据是否造假。最典型的一个例子是年收入破千亿美元的美国安然公司倒闭事件。

有人用本福特定律对美国安然公司公布的财务报表进行了检验，图 14.6（a）是所有上市公司的财务数据与本福特定律的符合情况，图 14.6（b）是美国安然公司在 2000~2001 年的财务数据与本福特定律的偏离情况。从（b）中可以看出，首位数字 1、8、9 出现的概率相比本福特定律明显偏大，而数字 2、3、4、5、7 又明显偏小，这说明，美国安然公司的财务数据有造假之嫌。

现在，本福特定律已经成为会计师们判断销售数据、财务报表等是否造假的依据之一，甚至还有人使用本福特定律来检验在选举中是否存在舞弊现象等。

本福特定律并非是严格定律，它只在特定条件下成立，所以并不存在一般意义上的证明。对于它不完整的解释是：

一组平均增长的数据在开始时增长得较慢，由最初的数字 a 增长到以另一个数字 $a+1$ 为首位数字的数的时间，必然比以 $a+1$ 起首位数字的数增长到以 $a+2$ 为首位数字的数需要更多时间。

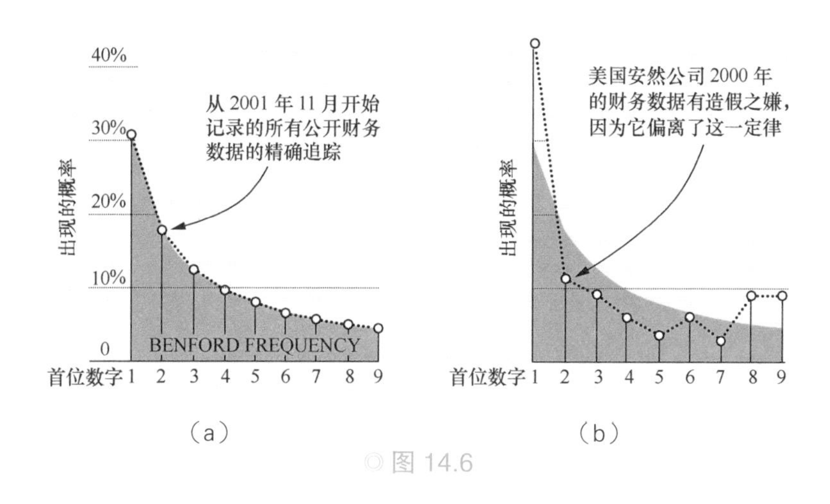

◎图 14.6

例如，从 1 开始计数，1、2、3、4、5……一直这么数下去，如果数到 19 就不数了，那么显然以 1 为首位数字的数出现的概率要远远大于其他数，如果数到 29 不数了，那么显然以 1 或者以 2 作为首位数字的数的出现概率要远远大于其他数。意思就是数字次序越靠后的，以它为首位数字的数出现的概率就越小。

下面我们将用 Python 来验证神奇的本福特定律。

打开 Visual Python，单击窗体属性按钮，设置“窗体名称”为“本福

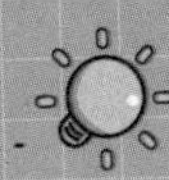

特定律”。

单击 ▶生成代码并调用编辑器 按钮保存文件。我们将在 IDLE++ 中编写代码。

我们将统计在 1 到 1000！中以 1 到 9 为首位数字的数出现的概率，来验证本福特定律。

代码如下。

```
import matplotlib.pyplot as plt
from pylab import mpl
mpl.rcParams["font.sans-serif"]=["SimHei"] # 支持中文黑体
mpl.rcParams["axes.unicode_minus"]=False   # 可以显示负号

def FirstDigital(x):                       # 计算x的首位数字是几
    while x >=10:
        x//=10
    return x                               # 返回结果

def Init():
    n = 1
    x = [1,2,3,4,5,6,7,8,9]                # x轴列表
    frequency = [0]*9                      # 记录首位数字中1～9数字出现的次数
    for i in range(1,1000):
        n *=i                              # 阶乘
        m = FirstDigital(n) - 1            # 获取n的首位数字赋给m
        frequency[m] = frequency[m]+1      # 累加首位数字出现次数
    plt.bar(x,frequency,0.35)              # 建立直方图，参数为x轴列表、y轴列表、宽度
    plt.title("本福特定律")                # 直方图标题
    plt.xlabel("首位数字")                 # x轴坐标
    plt.ylabel("首位数字出现次数")         # y轴坐标
    plt.show()                             # 显示直方图
```

绘制数据图形使用的工具是 matplotlib 绘图模块，Visual Python 已默认安装。

matplotlib 绘图模块的默认设置中并没有配置中文字体，所以添加代码 mpl.rcParams["font.sans-serif"]=["SimHei"] 和 mpl.rcParams ["axes.unicode_minus"]=False 进行配置。

自定义的 FirstDigital(x) 函数用于计算 *x* 的首位数是几，其方法是对 *x* 不断整除 10 直到只剩最高位的数字，最高位的数字通过 return x 语句返回给调用者。

frequency = [0] * 9 表示定义一个包含 9 个元素，且初始值均为 0 的列表，它用来记录在首位数字中 1~9 出现的次数。

执行代码，观察程序运行的效果。

动手实践

我们还可以用生成随机数的方式验证本福特定律，代码如下。验证本福特定律很重要的一点是不能人为设置数值范围的边界，所以随机生成的边界必须是不固定的，但由于计算机模拟必须要人为设置边界，所以采用此方式得出的结果与本福特定律有一定误差，体现出人为干预的成分。

```
import random                                          # 导入随机数模块
import matplotlib.pyplot as plt
from pylab import mpl
mpl.rcParams["font.sans-serif"]=["SimHei"]             # 支持中文黑体
mpl.rcParams["axes.unicode_minus"]=False               # 可以显示负号

def FirstDigital(x):                                   # 计算x的首位数字是几
    while x >=10:
        x//=10
    return x                                           # 返回结果


def Init():
    n = 1
    x = [1,2,3,4,5,6,7,8,9]                            # x轴列表
    frequency = [0]*9                                  # 记录首位数字中1~9数字出现的次数
    for i in range(1,100000):
        scope = random.randint (1,999999999)           # 产生随机数的范围
        n = random.randint (1,scope)                   # 在范围内产生随机数
        m = FirstDigital(n) - 1                        # 获取n的首位数字赋给m
        frequency[m] = frequency[m]+1                  # 累加首位数字出现次数
    plt.bar(x,frequency,0.35)                          # 建立直方图，参数为x轴列表、y轴列表、宽度
    plt.title("本福特定律")                             # 直方图标题
    plt.xlabel("首位数字")                              # x轴坐标
    plt.ylabel("首位数字出现次数")                       # y轴坐标
    plt.show()                                         # 显示直方图
```

运行结果如图 14.7 所示。

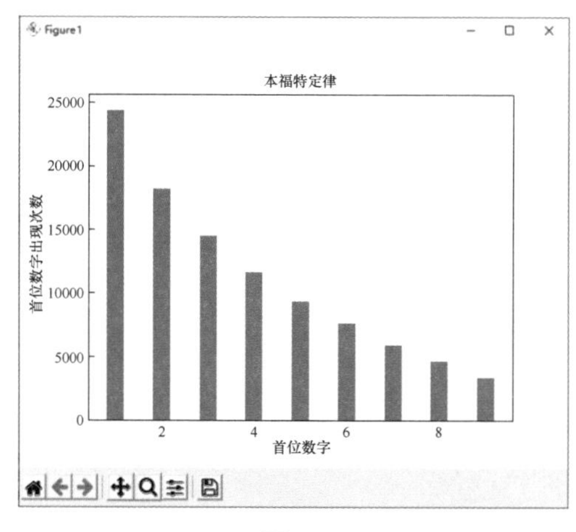

◎ 图 14.7

扩展任务

斐波那契数列（Fibonacci）也叫兔子数列，如图 14.8 所示。其特点为第 1 和第 2 个数为 1，从第 3 个数开始，该数是其前面两个数之和，即 1, 1, 2, 3, 5, 8, 13…。

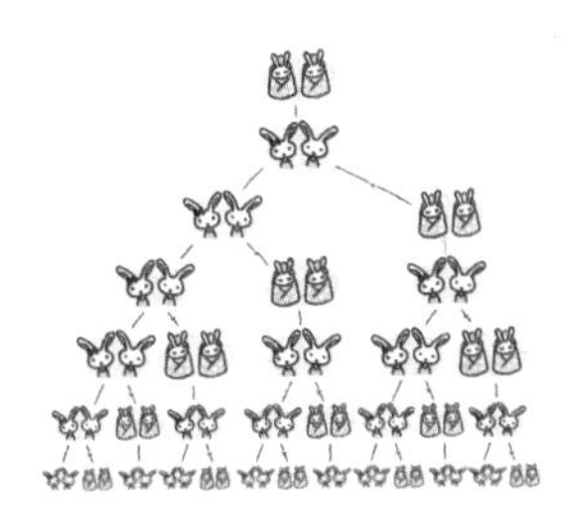

◎ 图 14.8

验证斐波那契数列是否也符合本福特定律，参考代码如下。

```
import matplotlib.pyplot as plt
from pylab import mpl
mpl.rcParams["font.sans-serif"]=["SimHei"] # 支持中文黑体
mpl.rcParams["axes.unicode_minus"]=False    # 可以显示负号

def FirstDigital(x):                        # 计算x的首位数字是几
    while x >=10:
        x//=10
    return x                                # 返回结果


def Init():                                 # 程序运行时就执行一次的初始化函数
    x = [1,2,3,4,5,6,7,8,9]                 # x轴列表
    frequency = [1,1,0,0,0,0,0,0,0]
    f1=1
    f2=1
    for i in range(1,2000):
        f3=f1+f2
        m = FirstDigital(f1+f2) - 1         # 获取n的首位数字赋给m
        frequency[m] = frequency[m]+1       # 累加首位数字出现次数
        f1=f2                               # 滚动前进
        f2=f3
    plt.bar(x,frequency,0.35)               # 建立直方图，参数为x轴列表、y轴列表、宽度
    plt.title("本福特定律")                 # 直方图标题
    plt.xlabel("首位数字")                  # x轴坐标
    plt.ylabel("比例")                      # y轴坐标
    plt.show()                              # 显示直方图
```

试从网络或以其他方式收集一些数据，用来验证本福特定律。例如全世界所有国家的国土面积，全世界所有国家的人口数，一张报纸上的经济数据，视频网站中某个主题所有视频的播放量等。

第十五课 人脸检测与识别

本课我们将制作一个如图 15.1 所示的程序进行人脸检测与识别。该程序可以检测出一张图片中的人脸数量，并将检测出的人脸和眼睛以不同颜色的矩形框标注。

图 15.1

我们将学到的主要知识点如下。

（1）人脸检测与识别的优势。

（2）人脸检测与识别的实现原理及步骤。

（3）人脸检测与识别的代码实现。

人脸检测与识别是生物识别技术的一种，它跟指纹识别、声音识别等不同的地方就在于它是基于人的脸部特征信息来进行身份识别。

与其他身份识别技术相比，人脸检测与识别具有以下优势。

（1）便捷性。人脸是生物特征，在验证身份时不需要使用类似身份证的东西。

（2）非强制性。人脸的检测与识别过程甚至不需要对象的配合，只要拍摄到人脸就可以进行识别，它在安防领域中的应用就是如此。

（3）非接触性。在进行身份识别时不需要跟设备进行接触，相比指纹识别更加安全。

（4）并行处理。一张照片里有多个人脸时可以一起处理，不像指纹和虹膜，需要一个一个地识别。

近几年，随着机器学习的流行，人脸检测与识别在准确率上达到了较高的水准，不少算法的正确识别率都超过了99%。因此，“刷脸”应用发展得如火如荼，几乎渗透到了我们生活的方方面面。不管是学校门口的人脸考勤，便利店内的刷脸支付，还是公安机关快速锁定犯罪嫌疑人等，无一例外，都充分运用了人脸检测与识别技术，如图 15.2 所示。

◎ 图 15.2

我们每天可能通过“刷脸”完成许多事情，但却很少去深究这个“刷脸”背后到底隐含了多少技术成分。事实上，当前的人脸检测与识别并不是单一的技术，它融合了神经生理学、脑神经学、计算机视觉等多个学科的技术。它利用摄像机或摄像头采集的含有人脸的图像或视频流，自动在图像或视频流中检测和跟踪人脸，进而对检测到的人脸进行判断识别等一系列操作。

其技术实现的一般操作步骤如下。

（1）获取人脸图像。要进行人脸检测与识别，首先要获取包含人脸的图像信息。这可能会使用到摄像头、手机等图像信息采集设备。

（2）图像预处理。人脸图像的预处理主要包括消除噪声、灰度归一化、几何校正等，这些操作一般用现成的算法就可以实现，属于比较基本的操作。

（3）人脸特征提取。它也被称为人脸表征，是对人脸进行特征建模的过程。因为人脸是由眼睛、鼻子、嘴、下巴等部分构成，对这些部分和它们之间结构关系的几何描述，可作为识别人脸的重要特征。因为可以使用强大的图像处理功能和计算机视觉库（例如 OpenCV），所以这步操作就变得非常简单，直接调用相关的函数就能轻松完成。

（4）人脸特征比对。这里需要借助人脸数据库，把上述步骤得到的当前人脸特征与已有的人脸数据进行比对，可以得到当前人脸特征与不同人脸数据的距离，其中最接近的那个人脸数据就可以认为是识别到的人物。

（5）输出人脸检测与识别结果。

图 15.3 所示的流程图描述了人脸检测与识别的主要流程。

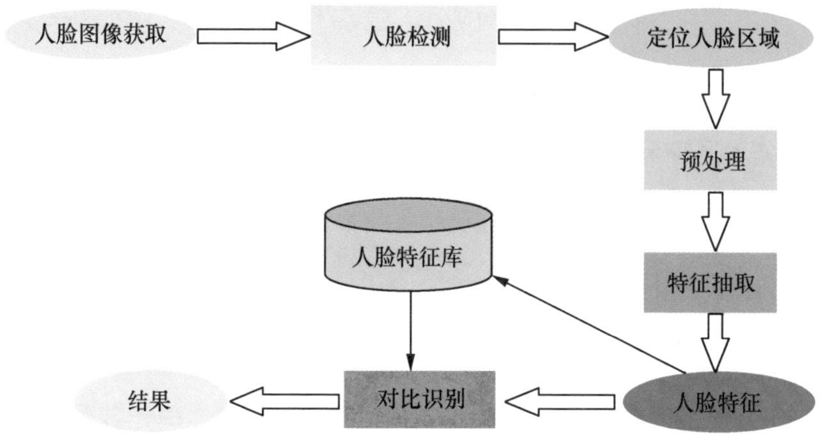

人脸图像获取
人脸检测
定位人脸区域
预处理
特征抽取
人脸特征库
人脸特征
对比识别
结果

◎ 图 15.3

特征抽取依赖于强大的计算机视觉库，几种常见的计算机视觉库如下。

OpenCV 是 Intel 公司的开源计算机视觉库，它实现了图像处理和计算机视觉方面的很多通用算法。

Face++ 是北京旷视科技有限公司旗下的全新人脸技术云平台。

Orbeus 由麻省理工学院和波士顿大学的几个科学家联合创立，可以实现从照片或视频中识别出所有内容。

SkyBiometry 是由一家立陶宛公司提供的免费人脸识别及表情识别接口。

以 OpenCV 实现照片的人脸检测过程为例，首先 OpenCV 要导入特征检测分类器创建检测对象。特征检测分类器是已经训练好的模型，该模型描述了人体各个部位的特征值，如人脸、眼睛、嘴唇、表情等。特征检测分类器也可以进行训练以提高检测准确率。

Visual Python 已在 C:\OpenGL_XML 目录下预装了几个常用的特征检测分类器，根据文件名称就可以很快知道各个特征检测分类器的用途，如图 15.4 所示。

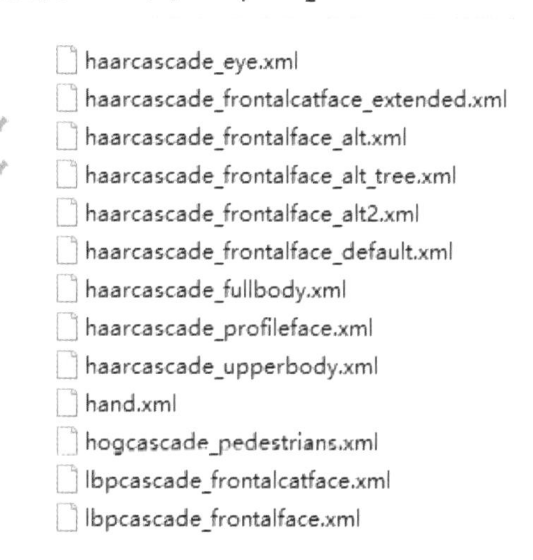

图 15.4

接下来，OpenCV 读取要进行检测的照片，并将照片转为灰度级照片。这么做是为了简化计算并消除冗余数据，因为灰度级照片已经具有完成特定任务的所有相关信息。试想我们阅读一本书时，即使文本是黑白的，也可以顺利地阅读，且黑白的书籍比彩色的书籍在制作过程中简化很多工序。

最后，OpenCV 调用 detectMultiScale() 进行照片的检测，它采用一种类似“滑动窗口”的方法，通过在图像中不断滑动检测窗口来匹配人脸。检测效果取决于输入的参数。几个主要参数的说明如表 15.1 所示。

表 15.1　OpenCV 需要的检测参数说明表

参数	说明
img	表示要检测的输入图像
scaleFactor	表示在特征比对中每次图像尺寸缩小的比例，默认值为 1.1。因为不同图像的像素大小不一，且图像中的人脸也会因远近不同而大小不一，所以需要通过 scaleFactor 参数设置一个图像尺寸缩小的比例，对图像进行逐步缩小检测，这个参数越大，计算速度越快，但也可能会错过某个尺寸的人脸
minNeighbors	表示每个目标区域的特征都会进行对比，设定达到多少个特征值才算是对比成功，默认值为 3。如果组成检测目标的特征值小于 minNeighbors 的值就会被排除，这可能导致个别人脸不能被正确检测出
minSize	设置检测出的人脸最小尺寸，所有小于此尺寸的人脸都被忽视掉
maxSize	设置检测出的人脸最大尺寸，所有大于此尺寸的人脸都被忽视掉

可以看出，用 OpenCV 编写代码实现人脸检测的操作还是比较复杂的。幸运的是，Visual Python 已对 OpenCV 的相关功能进行了简化与封装，我们只需写几行代码就能快速实现人脸检测。

Visual Python 已配置好了适用于 64 位操作系统的 OpenCV 分类库，所以请确保使用的是 64 位操作系统，32 位操作系统无法使用 OpenCV 分类库。

界面设计

打开 Visual Python，单击窗体属性按钮，设置“窗体名称”为“人脸检测与识别”。

将要识别的图片文件放在保存 Python 代码的同一文件夹下。

考虑到程序可能要在没有安装特征检测分类器的计算机上运行，建议将安装在 C:\OpenGL_XML 目录下的“haarcascade_eye.xml”和“haarcascade_frontalface_default.xml”两个文件也一同复制到保存 Python 代码的文件夹下。这两个文件一个是眼部特征检测分类器，一个是正脸特征检测分类器。

Visual Python 在运行程序时，首先在当前目录下寻找相关的特征检测分类器，如果找不到就到 C:\OpenGL_XML 目录下寻找，如果两处均没有找到，会弹出错误提示信息。

单击按钮保存文件。我们将在 IDLE++ 中编写代码。

代码编写

在 IDLE++ 中编写如下代码。

```
def Init():
    m='./face.jpg'
    m,n=face.detectMultiScale(m,scaleFactor=1.1,minNeighbors=5,minSize=(20,20
),maxSize=(90,90))
    Sface=Label(window,image=m,width=500,height=500)        # 生成包含图片的标签控件SFace
    print("检测到人数: "+str(n))
    Sface.place(x=50,y=50)                                  # 设置标签控件的坐标
```

程序中 m='./face.jpg' 中的“face.jpg”是图片文件的名称，“./”表示在当前目录下。如果图片文件不在当前目录下，则需加上完整的路径。

调用 face 类中的 detectMultiScale()，并返回两个值给 m 和 n，其中 m 是已处理过的图片，n 是检测出来的人数。

处理过的图片需要显示在控件上，此处图片文件显示在一个标签控件 Sface 上，并在窗体坐标为 (50,50) 的位置显示。

运行程序，如果设置的参数合适，程序不仅能正确地识别出人脸和人数，还能正确标示出眼睛的位置。

动手实践

试使用不同的图片文件进行尝试，并修改 detectMultiScale() 中各参数的值，观察参数值的变化对输出结果产生什么影响。

扩展任务

如果计算机配置有摄像头，可以让机器识别出现在摄像头里的人是谁。

首先需要在程序所在的当前目录下创建一个名为“photos”的文件夹，用于存放收集到的人物照片（例如全班学生的照片），并将照片文件用对应的姓名命名，如图 15.5 所示。

此电脑 › Program (D:) › 人脸检测与识别 › photos

PingAn.jpg

WanSheng.jpg

KangJian.jpg

XiaoGuang.jpg

QiQi.jpg

文件名是姓名的拼音

图 15.5

原生的 OpenCV 不支持中文字符的显示（会将中文字符显示为乱码），所以照片的文件名必须为英文字符，可以用姓名的拼音代替。

支持中文字符显示的方法稍复杂，感兴趣的可自行在网上查找解决方法。

代码只需两行。

```
def Init():
    face.find_who_is()
```

代码写好后单击按钮保存，再单击▶按钮运行。稍等片刻，程序会自动打开一个摄像头窗口。如果此时出现在摄像头窗口里的人，在“photos”文件夹中事先存有照片，则会在其人脸位置的下方显示出此人正确姓名，如图 15.6 所示。

显示姓名

图 15.6

因为摄像头会不断循环执行捕捉摄像头画面的命令，所以我们无法直接通过单击的方式关闭窗口，但可以按键盘上的 Q 键来结束该程序的运行。

练习 1 试编程实现从摄像头中检测是否有人脸的功能，其核心代码为 face.find_from_camera(scaleFactor=1.1,minNeighbors=5,minSize=(20,20),maxSize=(90,90))。并试着调整 find_from_camera() 的参数，观察参数的变化对检测结果产生什么影响。

练习 2 试根据自己的理解，描述机器是怎样识别出摄像头里的人是谁的。

附　录

附录 A Visual Python 的安装说明

【第一步】从 www.magicoj.com 下载 Visual Python 套装并解压。

【第二步】在安装 Visual Python 之前建议先卸载计算机中已安装的所有其他版本 Python，因为不同版本的 Python 对应的第三方模块文件及默认的存储位置可能存在差异，即使将 Python 安装在不同路径下也可能影响 Visual Python 的正常运行（安装完 Visual Python 后再安装其他版本 Python，Visual Python 的运行不受影响）。

【第三步】安装 Visual Python 套装里提供的 Python 3.8.6。Visual Python 套装里分别提供了 32 位和 64 位版本的 Python 3.8.6，请根据操作系统安装对应的版本；一定要在安装界面上勾选“Add Python 3.8 to PATH”复选框，以添加 Python 路径到系统路径中。选择“Install Now”选项，即可完成默认安装，如图 A.1 所示。

如果选择自定义安装，建议勾选“Install for all users”复选框以安装给所有用户使用，设置完毕后单击“Install”按钮，即可完成 Python 3.8.6 的安装，如图 A.2 所示。

【第四步】运行 Visual Python 环境配置器目录下的“Visual Python 环境配置器 .pyw”，并安装相关模块。如果无法进入安装界面，说明未正确安装 Python 3.8.6，请重新正确安装 Python 3.8.6 后再进行尝试。

Visual Python 的安装界面及安装顺序如图 A.3 所示。

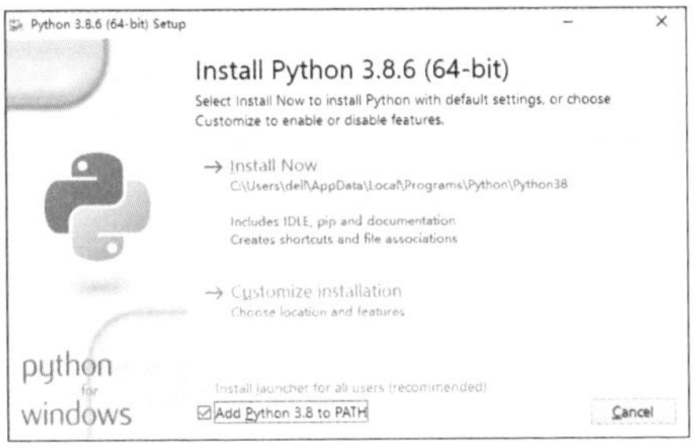

Python 3.8.6 (64-bit) Setup

Install Python 3.8.6 (64-bit)

Select Install Now to install Python with default settings, or choose Customize to enable or disable features.

→ Install Now
C:\Users\dell\AppData\Local\Programs\Python\Python38

Includes IDLE, pip and documentation
Creates shortcuts and file associations

→ Customize installation
Choose location and features

python for windows

Install launcher for all users (recommended)
☑ Add Python 3.8 to PATH
Cancel

图 A.1

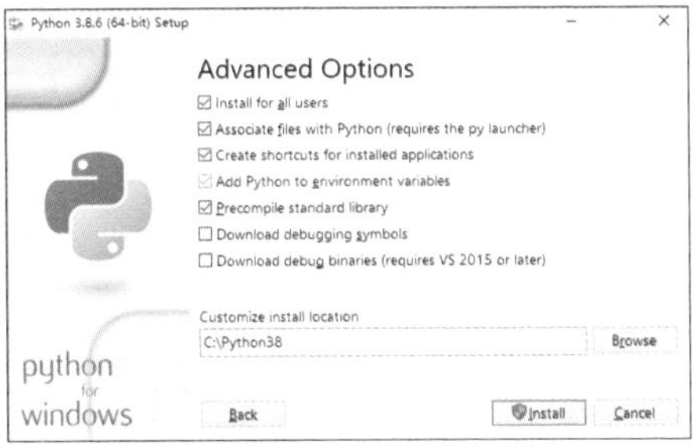

Python 3.8.6 (64-bit) Setup

Advanced Options

☑ Install for all users
☑ Associate files with Python (requires the py launcher)
☑ Create shortcuts for installed applications
☑ Add Python to environment variables
☑ Precompile standard library
☐ Download debugging symbols
☐ Download debug binaries (requires VS 2015 or later)

Customize install location
C:\Python38
Browse

python for windows

Back Install Cancel

图 A.2

Visual Python环境配置器 (安装某些模块需要从网上下载，请确保机器联网)

操作系统: Windows-10-10.0.19041-SP0 ('64位', 'WindowsPE') CPU: AMD64
Python版本: 3.8.6
Python安装路径: C:\Users\dell\AppData\Local\Programs\Python\Python38
pip版本: 21.3.1

更新选中模块
卸载选中模块

本机已安装模块列表

absl-py	0.14.0
altgraph	0.17.2
argh	0.26.2
argon2-cffi	21.1.0
astunparse	1.6.3
attrs	21.2.0
backcall	0.2.0
beautifulsoup4	4.10.0

安装中文版IDLE++ 升级pip 安装OpenCV分类库 安装Tensorflow 安装Visual Python

输入安装模块名称:
安装自定义模块

待安装模块列表
pandas
Keras

待安装的模块

安装选中模块
从原始地址下载
从清华大学下载
从阿里云下载
从中科大下载

一键安装所有模块

关闭窗口

傻瓜式一键安装Visual Python全套软件

最简单的安装方式

WWW.MagicOJ.com 编程魔法师 WWW.razxhoi.com 算法竞赛培训平台

图 A.3

注意：由于 Visual Python 安装为多线程安装，而且有些第三方模块文件较大，安装所需时间较长，安装过程中可能会出现计算机“卡死”现象，请耐心等待。

部分模块需要从网络下载安装，请确保计算机网络畅通。

当“待安装模块列表”内为空时，表示所有的模块已安装成功，如图 A.4 所示。

Visual Python环境配置器 (安装某些模块需要从网上下载，请确保机器联网)

操作系统: Windows-10-10.0.19041-SP0 ('64位', 'WindowsPE') CPU: AMD64
Python版本: 3.8.6
Python安装路径: C:\Users\dell\AppData\Local\Programs\Python\Python38
pip版本: 21.3.1

本机已安装模块列表

更新选中模块
卸载选中模块

absl-py	0.14.0
altgraph	0.17.2
argh	0.26.2
argon2-cffi	21.1.0
astunparse	1.6.3
attrs	21.2.0
backcall	0.2.0
beautifulsoup4	4.10.0

已安装好的模块列表

安装中文版IDLE++ | 升级pip | 安装OpenCV分类库 | 安装Tensorflow | 安装Visual Python

输入安装模块名称:
安装自定义模块
待安装模块列表
安装选中模块
所有待安装模块安装到本机后，此列表为空
从原始地址下载
从清华大学下载
从阿里云下载
从中科大下载

```
a\\local\\programs\\python\\python38\\lib\\site-packages (from
 pandas==1.1.3) (2021.1)'
所需文件之前已经被安装: six>=1.5 in c:\\users\\dell\\appdata\\l
ocal\\programs\\python\\python38\\lib\\site-packages (from pyt
hon-dateutil>=2.7.3->pandas==1.1.3) (1.16.0)'
正在安装选择的包: pandas'
成功安装 pandas-1.1.3'
```

一键安装所有模块
安装成功报告
关闭窗口
傻瓜式一键安装Visual Python全套软件
WWW.MagicOJ.com 编程魔法师 WWW.razxhoi.com 算法竞赛培训平台

◎ 图 A.4

如出现个别模块未安装成功的情况，再单击“一键安装所有模块”按钮，如果尝试多次仍未成功安装，可打开操作系统的“命令提示符”窗口，手动输入命令以安装相应模块。

模块安装命令一般为 pip install XXX，其中 XXX 为要安装的模块的名称，如图 A.5 所示。

◎ 图 A.5

【第五步】Visual Python 的默认安装目录为 C:\Visual Python 教育版，为方便起见，可创建 Visual Python 教育版的快捷方式到桌面。

【第六步】运行 Visual Python 教育版，单击 仅调用编辑器 按钮打开 IDLE++，在“选项”菜单里打开“Settings”窗口，如图 A.6 所示，在“常规”选项卡中选中“打开编辑窗口”单选按钮。这样每次打开 IDLE++，就会默认打开编辑窗口。

图 A.6

【第七步】如果在使用 Visual Python 过程中，无法通过双击 .py 文件的方式打开 IDLE++ 进行编辑，可设置“打开方式”为 idle.bat，“idle.bat”存放在 Python 安装路径下的 Lib\idlelib 目录中，如图 A.7 所示。

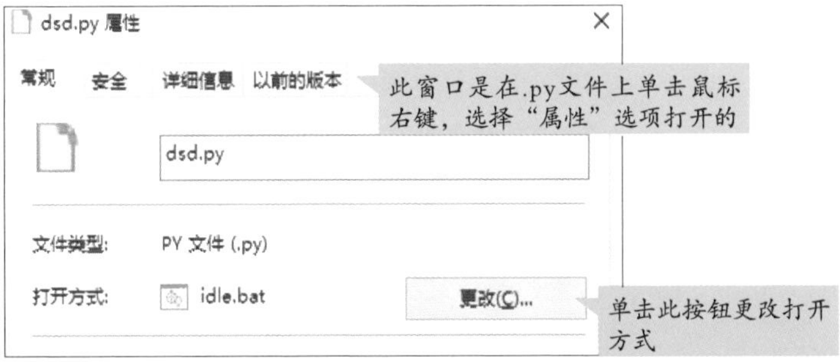

图 A.7

附录 B 控件的通用属性及使用方法

控件的通用属性

多数的控件具有表 B.1 所示的通用属性。

表 B.1 控件的通用属性及其说明

属性	说明
text	控件上显示的文本
font	控件上显示文本的字体和大小
fg(foreground)	控件的前景色
bg (background)	控件的背景色
width	控件的宽度（以一个中文字体的宽为单位）
height	控件的高度（以一个中文字体的高为单位）
cursor	当鼠标指针移至控件上时的样式
command	单击控件时执行的事件
padx	文字到边框的水平距离
pady	文字到边框的垂直距离
bd(borderwidth)	边框的宽度，默认为 2 像素
relief	边框的样式，默认为 FLAT
justify	当有多行文字时，最后一行文字的对齐方式
image	控件上显示的图片
compound	当控件包含图片和文字时，彼此的位置关系

续表

属性	说明
anchor	控件上显示文字的输出位置，默认为居中对齐，可选值有“n”“ne”“e”“se”“s”“sw”“w”“nw”“center”(“e”“w”“s”“n”代表东西南北)
state	控件状态，默认为 NORMAL，此外还有“ACTIVE”和“DISABLED”状态

控件属性的设置

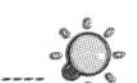

一般情况下，控件的属性在 Visual Python 中设置即可，若需要在代码中更改控件属性，例如修改一个按钮的某些属性，可参考如下代码（Button1 为已创建好的一个按钮）。

```
def Init():
    Button1.config(width=30)            # 更新按钮Button1的宽度为30
    Button1.config(fg='blue')           # 更新按钮Button1的前景色为蓝色
    Button1.config(bg='green')          # 更新按钮Button1的背景色为绿色
    Button1.config(font=('宋体',20))    # 更新按钮Button1的字体及大小
    Button1.config(text='更改按钮名')   # 更新按钮Button1的文本
```

控件属性的获取

若需要在代码中获取某控件的属性，可参考如下代码（Button1 为已创建好的一个按钮）。

```
def Init():
    print(Button1.cget('font'))   # 获取按钮Button1的字体
    print(Button1.cget('bg'))     # 获取按钮Button1的背景色
    print(Button1.cget('text'))   # 获取按钮Button1的文本
```

自带变量控件的使用

组合框、单选钮、多选钮、滚动条等控件需要关联的变量配合才能正常使用，例如组合框需要一个变量来判断当前的选择项。Visual Python 自动生成关联的变量示例代码及用法如图 B.1 所示。

```
 5 【引入的控件名称】
 6 Button1, Button2, Combobox1, Radiobutton1, Checkbutton1, Scale_X1,
 7 Scale_Y1,
 8 【引入的控件变量】
 9 访问控件变量的方法是：x=控件变量名.get()
10 Combobox1_Var, Radiobutton_Var0, Checkbutton1_Var, Scale_X1_Var, Scale_Y1_Var,
11
12 '''
13 from GUI_example import *
```

◎ 图 B.1

附录 C 常用控件使用方法参考

按 钮

按钮（Button）控件，即控件箱中的 按钮，一般将其设计为单击按钮时执行某一特定的动作。按钮可以包含文本或图像。

表 C.1 所示是按钮控件的属性。

表 C.1　按钮控件的属性及其说明

属性	说明
wraplength	限制每行的文字个数，默认为 0，表示只有使用“\n”时才进行文本换行

标 签

标签（Label）控件，即控件箱中的 标签，用于在屏幕上显示文本或图像。

表 C.2 所示是标签控件的属性。

表 C.2　标签控件的属性及其说明

属性	说明
textvariable	显示该标签变量（通常是一个字符串）的内容，如果标签变量被修改，标签的文本会自动更新

组合框

组合框（Combobox）控件，即控件箱中的 组合框，它相当于输入

框与菜单的组合。

组合框控件的某些属性如表 C.3 所示。

表 C.3 组合框控件的属性及其说明

属性	说明
textvariable	可以设置组合框的变量值
value	组合框的选项内容，以元组形式存在

在 Visual Python 中，组合框显示的内容在控件属性设置面板的列表项中输入，如图 C.1 所示。

◎ 图 C.1

可以通过 Combobox1.get() 方法获取 Combobox1 的当前选项，可以通过诸如 Combobox1.set('Java') 这样的语句将 Combobox1 的当前选项设为“Java”。

如果当前选项有变动时，会产生虚拟 <<ComboboxSelected>> 事件，可以使用这个特性将此事件绑定处理。参考代码如下。

```
def Show(event):
    print(Combobox1.get())                          # 输出当前选项

def Init():
    Combobox1.bind("<<ComboboxSelected>>",Show) # 绑定事件到Show()函数
    Combobox1.set('Java')                           # 当前项为"Java"
```

输入框

输入框（Entry）控件，即控件箱中的 输入框 ，用于让用户输入一行文本。

输入框的某些属性如表 C.4 所示。

表 C.4　输入框的属性及其说明

属性	说明
exportselection	在输入框中选中文本，默认会将选中文本复制到剪贴板，若要取消此功能，可设置 exportselection 为 0
selectbackground	选中文本的背景颜色
selectborderwidth	选中文本的背景边框宽度
selectforeground	选中文本的颜色
show	设置输入框内容显示为字符，如密码框中的内容可显示为“*”
textvariable	文本变量，是一个 StringVar() 对象

输入框控件的常用方法如表 C.5 所示。

表 C.5　输入框控件的常用方法及其说明

方法	说明
delete(first,last =None)	删除输入框里指定索引位置的值，例如： Entry1.delete(10)　　# 删除索引值为 10 的值 Entry1.delete(10, 20)　# 删除索引值从 10 到 20 的值 Entry1.delete(0, END)　# 删除所有值
get()	获取输入框内的值
index (index)	返回指定的索引值
insert (index, s)	向输入框中插入一个值，“index”为插入位置，“s”为插入值
select_clear()	清空输入框

单选钮

单选钮（Radiobutton）控件，即控件箱中的 单选钮，可以单击选中，一组单选钮中一次只能有一个单选钮被选中。例如在选择出生地时，有广州、上海、北京等一系列单选钮，此时只能选中一个单选钮。

单选钮控件支持图片的加载，它的一些属性如表 C.6 所示。

表 C.6　单选钮控制的属性及其说明

属性	说明
indicatoron	指定前面用于选择的小圆圈是否绘制，如果设置为 False，则单击后该按钮变成“sunken”（凹陷），再次单击该按钮变为“raised”（凸起）
textvariable	显示变量的内容，如果变量被修改，Radiobutton 的文本会自动更新
value	用于标志该单选钮的值，在同一组中的所有按钮拥有各不相同的值，通过将该值与 variable 属性的值对比，即可判断用户选中了哪个按钮
variable	Radiobutton 控件关联的变量，同一组中所有按钮的 variable 属性应该都指向同一个值，通过将该值与 value 属性的值对比，即可判断用户选中了哪个按钮

若有多组单选钮，应在 Visual Python 的控件属性设置面板中将其设置为不同的单选钮组，例如，图 C.2 中有两个单选钮组，可将其中一组的名称设置为 0，另一组的名称设置为 1。

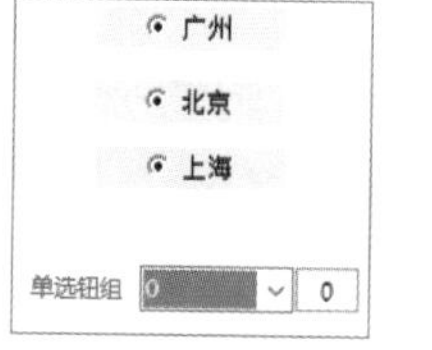

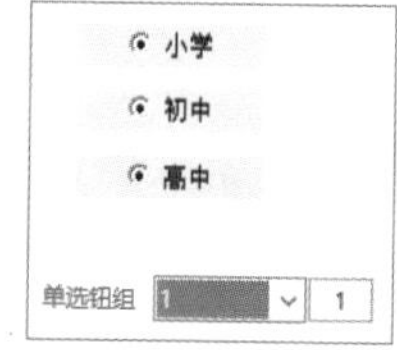

◎ 图 C.2

Visual Python 在创建单选钮时，会自动创建关联的变量用于判断单选钮组的选择情况。

可以使用 get()、set() 获取关联的变量值、设置变量值，参考代码如下。

```
def Init():
    Radiobutton_Var0.set('广州')    # 设置当前选项
    print(Radiobutton_Var0.get())  # 输出当前项
```

多选钮

多选钮（Checkbutton）控件，即控件箱中的 多选钮，与单选钮最大的区别是它可以多选。

Visual Python 在创建多选钮时，会自动创建关联的变量，当关联变量值为 1 时，表示该控件被选中，为 0 时表示该控件没有被选中。

可以使用 get()、set() 获取关联的变量值、设置变量值，参考代码如下所示。

```
def Init():
    Checkbutton1_Var.set(1)          # 设置该选项被选中
    print(Checkbutton1_Var.get())  # 输出该选项是否被选中
```

文本框

文本框(Text)控件,即控件箱中的 文本框,用于显示和处理多行文本。文本框控件非常强大和灵活，不仅能显示多行文本，也常作为简单的文本编辑器和网页浏览器使用。

文本框控件的某些属性如表 C.7 所示。

表 C.7　文本框控制的属性及其说明

属性	说明
exportselection	如果选中文本，默认会将选中的文本复制到剪贴板，若要取消此功能，可设置 exportselection 为 0
selectbackground	选中文本的背景颜色
selectborderwidth	选中文本的背景边框宽度
selectforeground	选中文本的颜色
borderwidth	边框宽度，默认为 2 像素
highlightbackground	当文本框取得焦点时的背景颜色
highlightcolor	当文本框取得焦点时的颜色
highlightthickness	当文本框取得焦点时的厚度，默认为 1 像素
insertbackground	插入光标的颜色，默认为黑色
insertborderwidth	围绕插入光标的 3D 厚度，默认为 0
tab	可设置按 Tab 键时如何定位插入点

列表框

列表框（Listbox）控件，即控件箱中的列表框，用来显示一个字符串列表给用户。

表 C.8 所示为列表框控件的属性。

表 C.8　列表框控件的属性及其说明

属性	说明
selectmode	选择模式，selectmode=EXTENDED 表示多选

列表框控件显示的内容可以在控件属性设置面板的列表项中输入，如图 C.3 所示。

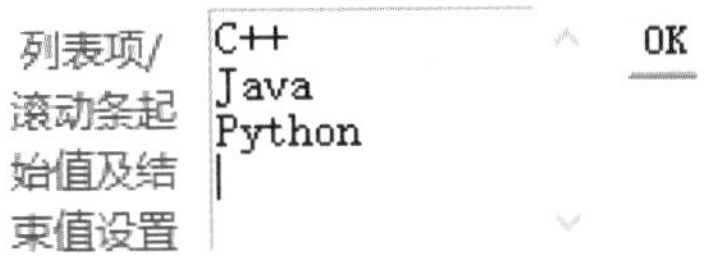

列表项/滚动条起始值及结束值设置

C++
Java
Python

OK

图 C.3

也可以在代码中使用 insert() 加入列表项，参考代码如下。

```
def Init():
    for item in['C++','Java','Python']:
          Listbox1.insert(END,item)          # 在列表框末插入一个列表项
```

列表框控件的常用方法如表 C.9 所示。

表 C.9　列表框控件的常用方法及其说明

方法	说明
delete(first,last = None)	用于删除给定范围内的列表项
get(first,last = None)	用于获取给定范围内存在的列表项
size()	返回列表框中存在的列表项数目
curselection()	传回所选列表项的索引
selection_includes()	检查指定索引对应的列表项是否被选中

当列表框执行选中操作时会产生 <<ListboxSelect>> 虚拟事件，可绑定此事件用来执行某些操作，参考代码如下。

```
def Run(event):
    print(Listbox1.size())                          # 输出列表框的列表项数目
    if Listbox1.curselection():                     # 如果列表项被选中
          index = Listbox1.curselection()[0]  # 获取被选中列表项的下标
          print(Listbox1.get(index))              # 输出被选中列表项的文本

def Init():
    for item in['C++','Java','Python']:
    Listbox1.insert(END,item)          # 在列表框末插入一个列表项
    Listbox1.bind("<<ListboxSelect>>",Run)  # 绑定事件到Run()函数
```

限定框

限定框（Spinbox）控件，即控件箱中的，是一种输入框和按钮的组合体。它允许用户单击“up”/“down”按钮，或是按上箭头/下箭头键达到在某一数值区间内增加数值与减少数值的目的。另外，也可以直接输入数值。

限定框控件的某些属性如表 C.10 所示。

表 C.10　限定框控件的属性及说明

属性	说明
increment	每次单击“up”/“down”按钮时增加或减少的值
from_	范围的起始值
to	范围的结束值
format	格式化字符串

限定框控件显示的内容可以在控件属性设置面板的列表项中输入，如图 C.4 所示。

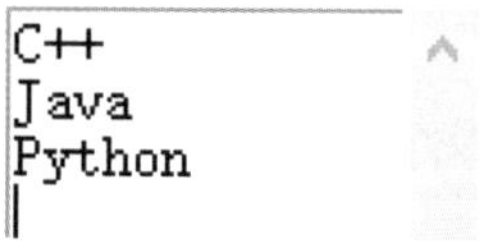

C++
Java
Python

◎ 图 C.4

可以用 get() 方法获取目前限定框的值，参考代码如下。

```
def Init():
    print(Spinbox1.get())    # 输出限定框的当前值
```

横滚条

横滚条（Scale）控件，即控件箱中的 横滚条，它允许通过横向滑块的移动来设置一个数值。

横滚条控件的某些属性如表 C.11 所示。

表 C.11　横滚条控件的属性及其说明

属性	说明
digits	尺度数值
from_	范围的起始值
to	范围的结束值
label	默认没有标签文字
length	横滚条没有 height 属性，以 length 表示长度
showvalue	正常情况下会显示横滚条当前值，如果将该属性设置为 0 则不显示
tickinterval	设置标记刻度

可以使用 set() 设置横滚条的值，可以使用 get() 获取横滚条的当前值。参考代码如下。

```
def Init():
    Scale_X1.set(14)          # 设置横滚条的值
    print(Scale_X1.get())     # 输出横滚条的当前值
```

横滚条起始位置的值和结束位置的值可以在控件属性设置面板的列表项中输入，第一行为起始位置的值，第二行为结束位置的值，起始位置的值应小于结束位置的值，且均为整数，如图 C.5 所示。

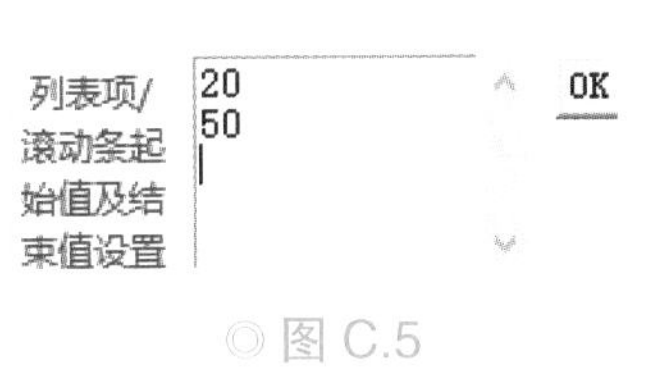

◎ 图 C.5

纵滚条

纵滚条（Scale）控件，即控件箱中的纵滚条，它允许通过纵向滑块的移动来设置一个数值。

纵滚条控件的使用方法参照横滚条控件。

画 布

画布（Canvas）控件，即控件箱中的画 布，它允许用户绘图，也可以制作动画。画布的左上角坐标是（0,0），向右 *x* 值递增，向下 *y* 值递增。

绘图功能如表 C.12 所示。

表 C.12　绘图功能及其说明

绘图功能	说明
创建一个扇形	coord = 10, 50, 240, 210 arc = canvas.create_arc(coord, start=0, extent=150, fill="blue")
创建图像	image = canvas.create_image(50, 50, anchor=NE, image=filename)
创建线条	line = canvas.create_line(x0, y0, x1, y1, ..., xn, yn)
创建一个圆形	oval = canvas.create_oval(x0, y0, x1, y1)
创建一个多边形	polygon = canvas.create_polygon(x0, y0, x1, y1,...,xn, yn)
创建一个矩形	rect = canvas.create_rectangle(x0, y0, x1, y1)
输出文字	text= canvas.create_text(x, y,text= 字符串)

常用的属性如表 C.13 所示。

表 C.13　画布控件常用属性及其说明

属性	说明
dash	1. 指定绘制虚线轮廓； 2. 该属性值是一个整数元组，元组中的元素分别代表短线的长度和间隔； 3. 例如 (3, 5) 代表长度 3 像素的短线和 5 像素的间隔
dashoffset	1. 指定虚线轮廓开始偏移的位置； 2. 例如 dashoffset=3
fill	1. 指定填充的颜色； 2. 空字符串表示透明
offset	1. 指定当处于点画模式时填充位图的偏移； 2. 该属性的值可以是“x,y”“n”“ne”“e”“se”“s”“sw”“w”“nw”“center”
outline	指定轮廓的颜色
outlineoffset	1. 指定当处于点画模式绘制轮廓时位图的偏移； 2. 该属性的值可以是“x,y”“n”“ne”“e”“se”“s”“sw”“w”“nw”“center”
outlinestipple	1. 当 outline 属性被设置时，该属性用于指定一个位图来填充边框； 2. 默认值是空字符串，表示黑色
stipple	1. 指定一个位图用于填充； 2. 默认值是空字符串，表示实心
style	1. 指定创建的是扇形(pieslice)、弓形(chord)还是弧形(arc)； 2. 默认创建的是扇形

制作动画的某些方法如表 C.14 所示。

表 C.14　制作动画的方法及其说明

方法	说明
move(ID,x,y)	移动画布上编号为 ID 的绘制对象，使其分别沿 x 和 y 轴移动
update	强制更新画布
delete(ID)	删除画面上编号为 ID 的绘制对象
itemconfig(ID,options)	修改画面上编号为 ID 的绘制对象的属性

标签框

标签框（LabelFrame）控件，即控件箱中的 标签，它是一个容纳相关控件的容器，常常用于界面美化。

框　体

框体（Frame）控件，即控件箱中的 框体，它是一个容纳相关控件的容器，常常用于界面美化，与标签框不同的是框体没有标签文本的显示。

菜　单

菜单（Menu）控件，即控件箱中的 菜单，它提供了完整的菜单设计功能。

在控件箱中单击“菜单”按钮，单击窗体设计区，即可设计菜单。单击“开始编辑”按钮，第一个输入框用于主菜单设计，输入名称后，单击“+”即可将其添加到主菜单；第二个输入框用于子菜单设计，输入名称后，单击“+”即可将其添加到对应主菜单下的子菜单中，单击“-”可删除对应项，如图 C.6 所示。

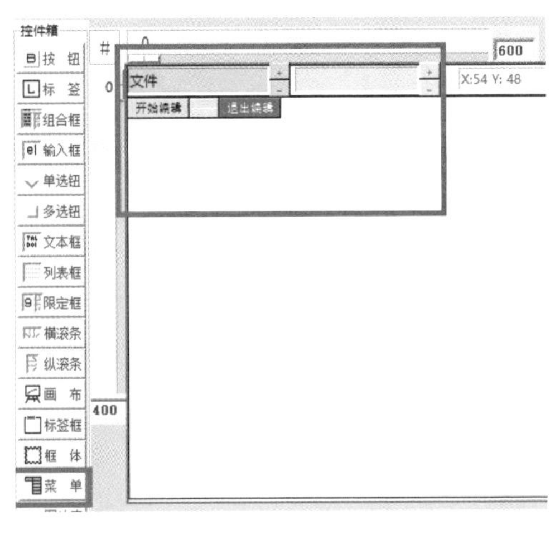

图 C.6

图片库

图片库，即控件箱中的 ~图片库，它是 Visual Python 特有的控件。将图片添加到图片库后，使用代码调用图片更方便。例如有一个图片文件“tip.gif”，将其添加到图片库的方式如图 C.7 所示。

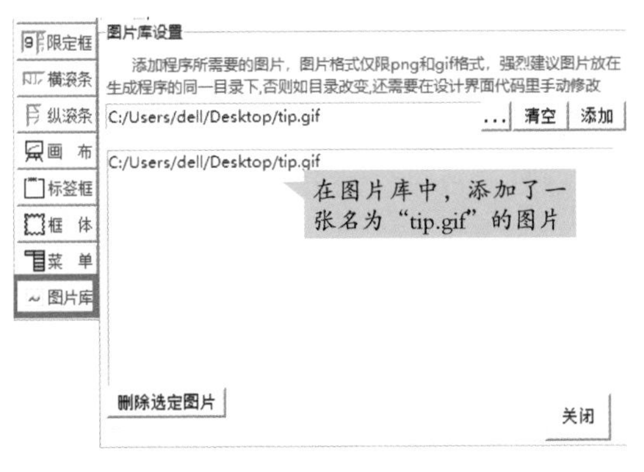

图 C.7

在自动生成的代码中，图片文件已经被转成了图片对象“tip_gif”，如图 C.8 所示。

```
1 '''
2 【文档及代码说明】
3 此文件由Visual Python 创建于2021-12-22 23:21:43.052393,您的代码请在此文
4 同目录下的GUI_example.pyw为自动生成的界面设计和支持代码,一般情况下无需
5 【引入的图片对象】
6 tip_gif,
7 【引入的控件名称】
8 Button1, Button2, Combobox1, Radiobutton1, Checkbutton1, Scale_X1,
```

◎ 图 C.8

以按钮控件为例，直接调用图片对象“tip_gif”的示例代码如下，运行结果如图 C.9 所示。

```
def Init():
    Button1.config(image=tip_gif,width=60,height=40)
```

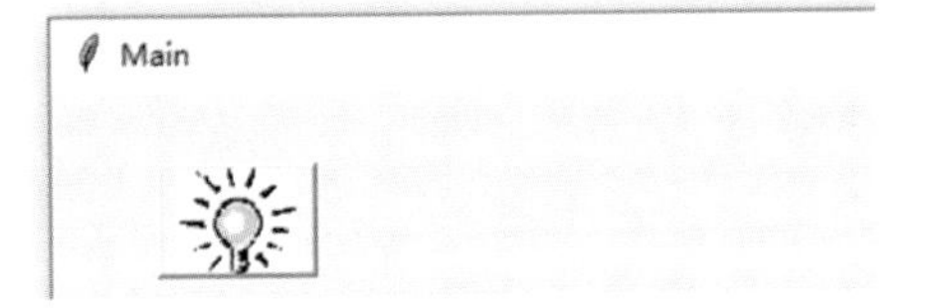

◎ 图 C.9

若是想让图像和文字同时存在于按钮内，需要增加参数 compound =xx, 其中，xx 可以是 LEFT、TOP、RIGHT、BOTTOM、CENTER，分别代表图像在文字的左、上、右、下、中央。以按钮为例，下面的示例代码执行后，结果如图 C.10 所示。

```
def Init():
    Button1.config(image=tip_gif,text='示例',compound=RIGHT,width=200,hei
ght=40)
```

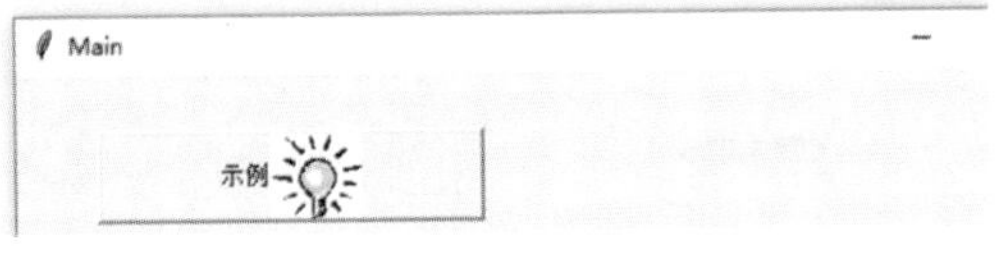

◎ 图 C.10

附录 D Python 常用颜色代码表

- black
- k
- dimgrey
- dimgray
- grey
- gray
- darkgray
- darkgrey
- silver
- lightgrey
- lightgray
- gainsboro
- whitesmoke
- white
- w
- snow
- rosybrown
- lightcoral
- indianred
- brown
- firebrick
- maroon
- darkred
- red
- r
- mistyrose
- salmon
- tomato
- darksalmon
- coral
- orangered
- lightsalmon
- sienna
- seashell
- chocolate
- saddlebrown
- sandybrown
- peachpuff
- peru

- linen
- bisque
- darkorange
- burlywood
- antiquewhite
- tan
- navajowhite
- blanchedalmond
- papayawhip
- moccasin
- orange
- wheat
- oldlace
- floralwhite
- darkgoldenrod
- goldenrod
- cornsilk
- gold
- lemonchiffon
- khaki
- palegoldenrod
- darkkhaki
- ivory
- beige
- lightyellow
- lightgoldenrodyellow
- olive
- y
- yellow
- olivedrab
- yellowgreen
- darkolivegreen
- greenyellow
- chartreuse
- lawngreen
- honeydew
- darkseagreen
- palegreen
- lightgreen

- forestgreen
- limegreen
- darkgreen
- green
- g
- lime
- seagreen
- mediumseagreen
- springgreen
- mintcream
- mediumspringgreen
- mediumaquamarine
- aquamarine
- turquoise
- lightseagreen
- mediumturquoise
- azure
- lightcyan
- paleturquoise
- darkslategray
- darkslategrey
- teal
- darkcyan
- c
- cyan
- aqua
- darkturquoise
- cadetblue
- powderblue
- lightblue
- deepskyblue
- skyblue
- lightskyblue
- steelblue
- aliceblue
- dodgerblue
- lightslategrey
- lightslategray
- slategrey

- slategray
- lightsteelblue
- cornflowerblue
- royalblue
- ghostwhite
- lavender
- midnightblue
- navy
- darkblue
- mediumblue
- blue
- b
- slateblue
- darkslateblue
- mediumslateblue
- mediumpurple
- rebeccapurple
- blueviolet
- indigo
- darkorchid
- darkviolet
- mediumorchid
- thistle
- plum
- violet
- purple
- darkmagenta
- m
- magenta
- fuchsia
- orchid
- mediumvioletred
- deeppink
- hotpink
- lavenderblush
- palevioletred
- crimson
- pink
- lightpink